Programa de Evaluación Rápida

Evaluación Ecológica Rápida de la Biodiversidad de los Tepuyes de la Cuenca Alta del Río Nangaritza, Cordillera del Cóndor, Ecuador

Editores
Juan M. Guayasamin y Elisa Bonaccorso.

Conservación Internacional

Conservación Internacional Ecuador

Fundación Ecológica Arcoiris

Pontificia Universidad Católica del Ecuador, Museo de Zoología de Vertebrados

Universidad Nacional de Loja, Herbario Reinaldo Espinosa

University of Illinois, Illinois Natural History Survey

Louisiana State University

Conservación Internacional
2011 Crystal Drive, Suite 500
Arlington, VA 22202
USA
Telf: 703-341-2400
Fax: 703-979-0953
www.conservation.org

Guayasamin, J.M, y Bonaccorso, E. (Eds.). 2011. Evaluación Ecológica Rápida de la Biodiversidad de losTepuyes de la Cuenca Alta del Río Nangaritza, Cordillera del Cóndor, Ecuador. Conservación Internacional. Quito, Ecuador.

Editores: Juan M. Guayasamin y Elisa Bonaccorso

Editora asistente: Cristina Félix

Revisión det textos: Katy Puga

Diseño y diagramación: Santiago Fuentes y Andrea Valencia

Mapa: Carlos Boada

Fotos: Carlos Boada, Holger Braun, Peter Hoke, Jessica Deichmann,

Traducción al inglés (Reporte en Breve y Resumen Ejecutivo): Jessica Deichmann

Impreso por: Santiago Fuentes y Andrea Valencia

ISBN: 978-1-934151-43-3

Este documento fue publicado por el Programa de Evaluaciones Ecológicas Rápidas de Conservación Internacional, con el financiamiento de Leon and Toby Cooperman Family Foundation, Mulago Foundation a través de Conservation Stewards Program y Gordon and Betty Moore Foundation. La Evaluación contó con la participación de la Lousiana State University, Fundación Ecológica Arcoiris, Pontificia Universidad Católica del Ecuador con el apoyo de la Secretaría Nacional de Ciencia y Tecnología del Ecuador (SENACYT), a través del proyecto Inventario y Caracterización Genética y Morfológica de la Diversidad de Anfibios, Reptiles y Aves del Ecuador, la Universidad Nacional de Loja y University of Illinois.
Además, se contó con el valioso apoyo de la Comunidad de San Miguel de las Orquídeas. Las opiniones expresadas en esta publicación son de estricta responsabilidad de los autores y no representan necesariamente las opiniones de Conservación Internacional y las instituciones auspiciantes.

Para más información visite: ***www.conservation.org.ec***

Tabla de contenidos

Prefacio 5

Participantes y autores 6

Perfiles organizacionales 8

Agradecimientos 10

Reporte en breve 11

Report at a Glance (inglés) 13

Resumen ejecutivo 15

Executive Summary (inglés) 23

Mapas 31

Imágenes 34

Estudios biológicos

Capítulo 1 39
Descripción general de los Tepuyes de la Cuenca Alta del Río Nangaritza, Cordillera del Cóndor.
Oswaldo Jadán y Zhofre Aguirre Mendoza

Capítulo 2 41
Flora de los Tepuyes de la Cuenca Alta del Río Nangaritza, Cordillera del Cóndor.
Oswaldo Jadán y Zhofre Aguirre Mendoza

Capítulo 3 49
Hormigas de los Tepuyes de la Cuenca Alta del Río Nangaritza, Cordillera del Cóndor.
Leeanne E. Alonso y Lloyd Davis

Capítulo 4 52
Insectos hoja (Orthoptera: Tettigoniidae) e insectos palo (Phasmatodea) de la Cuenca Alta del Río Nangaritza, Cordillera del Cóndor.
Holger Braun

Capítulo 5 56
Anfibios y Reptiles de los Tepuyes de la Cuenca Alta del Río Nangaritza, Cordillera del Cóndor.
Juan M. Guayasamin, Elicio Tapia, Silvia Aldás y Jessica Deichmann

Capítulo 6 63
Aves de los Tepuyes de la Cuenca Alta del Río Nangaritza, Cordillera del Cóndor.
Juan F. Freile, Paolo Piedrahita, Galo Buitrón-Jurado, Carlos A. Rodríguez y Elisa Bonaccorso

Capítulo 7 76
Mamíferos de los Tepuyes de la Cuenca Alta del Río Nangaritza, Cordillera del Cóndor.
Carlos Boada

Apéndices

Apéndice 1 87
Lista de las especies de plantas de los Tepuyes de la Cuenca Alta del Río Nangaritza, Cordillera del Cóndor.
Oswaldo Jadán y Zhofre Aguirre Mendoza

Apéndice 2 113
Lista de las especies de hormigas de los Tepuyes de la Cuenca Alta del Río Nangaritza, Cordillera del Cóndor.
Leeanne E. Alonso y Lloyd Davis

Apéndice 3 115
Lista de los insectos hoja e insectos palo de la Cuenca Alta del Río Nangaritza, Cordillera del Cóndor.
Holger Braun

Apéndice 4 .... **117**
Lista de los Anfibios y Reptiles de los Tepuyes de la Cuenca Alta del Río Nangaritza, Cordillera del Cóndor.

Juan M. Guayasamin, Elicio Tapia, Silvia Aldás y Jessica Deichmann

Apéndice 5 .... **119**
Lista de las aves de los Tepuyes de la Cuenca Alta del Río Nangaritza, Cordillera del Cóndor.

Juan F. Freile, Paolo Piedrahita, Galo Buitrón-Jurado, Carlos A. Rodríguez y Elisa Bonaccorso

Apéndice 6 .... **124**
Lista de los mamíferos de los Tepuyes de la Cuenca Alta del Río Nangaritza, Cordillera del Cóndor.

Carlos Boada

Anexo

Anexo 1 .... **129**
Comparación de los hallazgos de biodiversidad de mamíferos con estudios previos del área.

Carlos Boada

Prefacio

La Cordillera del Cóndor, localizada en la frontera entre Ecuador y Perú fue, durante muchos años, escenario de conflictos bélicos entre los dos países. En octubre de 1998 se firmó el Acuerdo de Paz que puso fin a los desacuerdos limítrofes y se iniciaron acciones para consolidar la paz y el desarrollo en esta región.

Con el objetivo de fortalecer el proceso de paz y mantener la extraordinaria diversidad biológica y cultural de la Cordillera del Cóndor, Conservación Internacional (CI) y otras organizaciones no gubernamentales, apoyaron a los gobiernos de Ecuador y Perú en el diseño y ejecución de una estrategia innovadora que permita articular, de manera sustentable, la conservación de la biodiversidad y el desarrollo socioeconómico de las comunidades locales.

Entre las estrategias de conservación propuestas está la creación del Corredor de Conservación Abiseo-Cóndor-Kutukú (CCACK) para la protección de varios ecosistemas compartidos entre Ecuador y Perú. Este Corredor se extiende desde el Parque Nacional Sangay en Ecuador hasta el Parque Nacional Cordillera Azul en Perú, donde confluyen dos ecoregiones prioritarias a nivel mundial: el denominado *hotspot* de los Andes Tropicales y la *gran área silvestre* de la Amazonía.

Una de las áreas prioritarias dentro del CCACK es la zona de los Tepuyes de la Cuenca Alta del Río Nangaritza. Esta zona forma parte del Área de Conservación Colono-Shuar Los Tepuyes de Nangaritza, ubicada en la Cordillera del Cóndor, parroquia Zurmi, cantón Nangaritza, provincia de Zamora Chinchipe, en el suroriente del Ecuador.

Los Tepuyes de Nangaritza, estructuras geográficas con forma de mesa, son considerados paisajes únicos que contienen ecosistemas de incalculable valor, cuya riqueza biológica ha sido poco estudiada. Para llenar los vacíos existentes de información, a nivel botánico y faunístico, el Programa de Evaluaciones Ecológicas Rápidas (RAP, por sus siglas en inglés) de CI, conjuntamente con investigadores de CI-Ecuador y la Fundación Ecológica Arcoiris, unieron esfuerzos con instituciones académicas como la Pontificia Universidad Católica del Ecuador, Universidad Nacional de Loja, Louisiana State University y University of Illinois, para generar datos biológicos en las áreas de botánica, entomología, herpetología, ornitología y mastozoología.

Esperamos que esta evaluación rápida de la biodiversidad de los Tepuyes de la Cuenca Alta del Río Nangaritza contribuya a los procesos de protección y uso sustentable de sus recursos, con la activa participación de las autoridades ambientales, la Asociación de Centros Shuar Tayunts y la Asociación de Trabajadores Autónomos San Miguel de las Orquídeas, siendo estos actores locales los principales protagonistas de la conservación de la biodiversidad en sus territorios.

Luis Suárez

Director Ejecutivo
Conservación Internacional Ecuador

Participantes y autores

PARTICIPANTES Y AUTORES

Conservación Internacional

2011 Crystal Drive, Suite 500
Arlington, VA 22202, USA

Leeanne Alonso (Investigadora – Hormigas)
lalonso@conservation.org

Peter Hoke (Coordinador)

Conservación Internacional Ecuador

Av. La Coruña N29-44 y Ernesto Noboa Caamaño
Quito, Ecuador

Lorena Falconí
lorefalconi@gmail.com

Cristina Félix
mfelix@conservation.org

Tannya Lozada
tlozada@gmail.com

Roberto Ulloa
rulloa@conservation.org

Louisiana State University

Department of Biological Sciences
107 Life Sciences Building
Baton Rouge, LA 70803 USA

Jessica Deichmann (Investigadora – Anfibios y Reptiles)
jdeich1@tigers.lsu.edu

Fundación Ecológica Arcoiris

Buganvillas No 2422 y Gobernación de Mainas
Casilla Postal: 11-01-860
Loja, Ecuador

Danny Flores (Logística y técnico del proyecto)
dannypfr_78@hotmail.com

Luis Gutiérrez (Investigador – Plantas)
lgutierrezaguila@yahoo.es

Luis León (Logística)
luisl1977@hotmail.com

Rocío León (Logística)
rleon@arcoiris.org.ec

Diana Ochoa (Logística)
diana8at@yahoo.es

Leonardo Ordóñez Delgado (Coordinador, logística y relaciones comunitarias)

Carmen Peralta (Logística y servicio de alimentación)

Darwin Valle (Logística)
darwinvalle@gmail.com

Pontificia Universidad Católica del Ecuador

Escuela de Ciencias Biológicas
Museo de Zoología de Vertebrados QCAZ
Av. 12 de Octubre 1076 y Roca, Quito, Ecuador

Silvia Aldás (Investigadora – Reptiles)
Sección Reptiles
silviaaldas@yahoo.com

Carlos Boada (Investigador – Mamíferos)
Sección Mastozoología
boada_carlos@hotmail.com

Elisa Bonaccorso (Investigadora – Aves)
Sección Ornitología
elisab@ku.edu

Galo Buitrón (Investigador – Aves)
Sección Ornitología
galobuitron@yahoo.com

Juan M. Guayasamin (Investigador – Anfibios)
Sección Anfibios
jmguayasamin@gmail.com

Paolo Piedrahita (Investigador – Aves)
Sección Ornitología
ppiedrahita@cablemodem.com.edu

Carlos A. Rodríguez (Investigador – Aves)
Sección Ornitología
colibricetrero@yahoo.com

Elicio Tapia (Investigador – Anfibios y Reptiles)
Sección Anfibios
eliciotapia@hotmail.com

Universidad Nacional de Loja

Herbario Reinaldo Espinosa
Ciudad Universitaria Guillermo Falconí Espinosa "La Argelia"
Casilla letra "S"
Loja, Ecuador

Angel Oswaldo Jadán Maza (Investigador – Plantas)
aoswaldojm@yahoo.es

Zhofre Aguirre Mendoza (Investigador – Plantas)
zhofrea@yahoo.es

University of Illinois

Illinois Natural History Survey
1860 South Oak Street
Champaign, IL 61821 USA

Holger Braun (Investigador – Grillos y Fásmidos)
grillo@illinois.edu

Investigadores Independientes

Juan Fernando Freile (Investigador – Aves)
Quito, Ecuador
jfreileo@yahoo.com

Lloyd Davis Jr. (Investigador ¬– Hormigas)
3920 NW 36th Place
Gainesville, FL 32606 USA
ants@gru.net

Participantes de la Comunidad San Miguel de Las Orquídeas

Alfonso Ortega (Guía)
Edison Alberca (Guía)
Milton Alberca (Guía)
Martín Chuquihuanca (Guía)
Robert Jiménez (Guía)
Segundo Veles (Guía)
Melva Berrú (Logística y servicio de alimentación)

Perfiles organizacionales

Conservación Internacional

Conservación Internacional (CI) es una organización internacional sin fines de lucro, basada en Washington, líder en encontrar soluciones pragmáticas y efectivas a los problemas ambientales del planeta. CI trabaja hombro a hombro con jefes de Estado y de gobiernos; con las corporaciones más grandes del mundo y con organizaciones filantrópicas; con otras organizaciones no gubernamentales y también con grupos de la sociedad civil en más 40 países de todo el mundo para garantizar la supervivencia de las especies y los ecosistemas más valiosos de la Tierra.
Actualmente, su enfoque se basa en seis iniciativas prioritarias que buscan mejorar la seguridad alimentaria, climática, del agua dulce, de la salud, cultural y la contribución a largo plazo de las diversas especies de plantas y animales al bienestar de los seres humanos.

Conservación Internacional
2011 Crystal Drive, Suite 500
Arlington, VA 22202, USA
+1(703) 341-2400
www.conservation.org

Conservación Internacional - Ecuador (CI - Ecuador)

CI-Ecuador estableció su programa en el país en el año 2001; desde entonces colabora con una amplia gama de aliados claves, que incluye instituciones públicas, organizaciones no gubernamentales (ONG), organizaciones de base, universidades, empresas e individuos comprometidos con la conservación y uso sostenible de la biodiversidad en áreas prioritarias, identificadas por sus valores naturales y culturales, y por su capacidad para generar servicios ambientales fundamentales para el desarrollo sustentable del país. Trabaja por el bienestar humano y la salud de los ecosistemas, y promueve un modelo de desarrollo sustentable. Enfocando sus esfuerzos en la conservación de los ecosistemas naturales y el mantenimiento de los servicios ambientales que estos generan, para mejorar la calidad de vida de las presentes y futuras generaciones.

Conservación Internacional - Ecuador (CI - Ecuador)
Av. La Coruña N29-44 y Ernesto Noboa Caamaño
Quito, Ecuador
Telf: 593- 2 -3979700
http://www.conservation.org.ec

Louisiana State University (LSU)

La misión de Louisiana State University and A&M College es la generación, preservación, diseminación y aplicación del conocimiento, y el cultivo de las artes para el beneficio del estado, la nación y la comunidad global. Louisiana State University tiene una larga historia de trabajo y relaciones en América Latina. LSU mantiene un rol de liderazgo en el desarrollo de la agricultura tropical (a través del Audubon Sugar Institute de LSU), medicina tropical (vía la School of Medicine de LSU), y ecología tropical (mediante el Department of Biological Sciences y Museum of Natural Sciences de LSU). El Department of Biological Sciences de LSU tiene 56 profesores a tiempo completo y, aproximadamente, 130 estudiantes de postgrado. Para mantener el énfasis tradicional de investigación, el departamento está dividido en tres áreas: Bioquímica y Biología Molecular,

Biología del Desarrollo e Integrativa, y Sistemática, Ecología y Evolución.

Louisiana State University
Department of Biological Sciences
107 Life Sciences Building
Baton Rouge, LA 70803 USA

Fundación Ecológica Arcoiris

La Fundación Ecológica Arcoiris es una organización no gubernamental sin fines de lucro, fundada el 24 de enero de 1989 en la ciudad de Loja. Tiene como misión el mantener la funcionalidad ecosistémica, asegurando así la viabilidad de especies de flora y fauna silvestres, lo cual permite mejorar la calidad de vida de los pobladores. Su ámbito de trabajo incluye los ecosistemas de manglares, bosques secos, páramos, bosques nublados y amazónicos en el sur del Ecuador.

Fundación Ecológica Arcoiris
Buganvillas No 2422 y Gobernación de Mainas
Casilla Postal: 11-01-860
Loja, Ecuador
www.arcoiris.org.ec

Museo de Zoología, Pontificia Universidad Católica del Ecuador

El Museo de Zoología (QCAZ) inició sus actividades en 1969 como parte de la Escuela de Biología de la Pontificia Universidad Católica del Ecuador. Desde esta fecha, el QCAZ se ha convertido en el museo más importante del Ecuador y en uno de los centros de investigación biológica más dinámicos de Sudamérica. Al momento cuenta con aproximadamente 70 mil ejemplares y 20 mil tejidos de vertebrados depositados en sus colecciones; este material biológico, conjuntamente con un personal de alto nivel académico e investigativo, son la base principal para las publicaciones sobre ecología y biología evolutiva que se producen en el QCAZ. Actualmente, el museo tiene como uno de sus objetivos principales poner a disposición del público la información sobre la biodiversidad del Ecuador (véase: *http://zoologia.puce.edu.ec/Vertebrados/Vertebrata.aspx*) y así contribuir al conocimiento y biodiversidad de la fauna del país.

Pontificia Universidad Católica del Ecuador, Museo de Zoología de Vertebrados
Escuela de Ciencias Biológica
Av. 12 de Octubre 1076 y Roca, Quito, Ecuador
Tel: 593-2-2991700 extensión 1069
http://zoologia.puce.edu.ec/Vertebrados/Vertebrata.aspx

Universidad Nacional de Loja, Herbario Reinaldo Espinosa (LOJA)

En el año de 1946, se funda el herbario de la ciudad de Loja, que en 1952 toma el nombre de Herbario Reinaldo Espinosa, cuyo acrónimo es LOJA. Este herbario es una sección de apoyo académico del Área Agropecuaria y de Recursos Naturales Renovables de la Universidad Nacional de Loja. Actualmente, es la mejor fuente de información científica y técnica en botánica y conservación vegetal en el sur del Ecuador, con alrededor de 40 mil muestras. Goza de un bien ganado prestigio y ha iniciado con éxito la prestación de servicios para consultores, organizaciones no gubernamentales (ONGs) y proyectos de desarrollo y conservación. LOJA tiene programas de intercambio de colecciones con casi todos los herbarios en el Ecuador y con varios sitios en Europa y Estados Unidos. Decenas de botánicos y científicos visitan su colección cada año.

Universidad Nacional de Loja
Herbario Reinaldo Espinosa (LOJA)
Ciudadela Universitaria "Guillermo Falconí E."
Bloque del Área Agropecuaria y de Recursos Naturales Renovables
Casilla de correo: 11-09-249
Loja, Ecuador
Email: herbario@unl.edu.ec
Telefax: 593-7-2547275

University of Illinois, Illinois Natural History Survey

Desde 1858, el Illinois Natural History Survey ha funcionado como el guardián e investigador de los recursos biológicos del estado de Illinois. Con más de 200 científicos y técnicos, es reconocido como el instituto líder en inventarios de historia natural en los Estados Unidos. Desde su creación, su misión ha sido investigar la diversidad, historia natural y ecología de plantas y animales de Illinois y de lugares biológicamente importantes; publicar los resultados obtenidos para facilitar el manejo adecuado de los recursos; y proveer la información al público para que éste pueda apreciar y entender su herencia natural.

Illinois Natural History Survey
1860 South Oak Street
Champaign, IL 61821 USA
http://www.inhs.uiuc.edu/

Agradecimientos

La expedición del RAP de los Tepuyes de la Cuenca Alta del Río Nangaritza es el resultado del trabajo de muchos individuos e instituciones.

Queremos expresar nuestro profundo agradecimiento a las personas de la comunidad de San Miguel de las Orquídeas por su colaboración y participación durante las diferentes fases del proyecto. En particular reconocemos la labor de nuestros guías y ayudantes de campo: Alfonso Ortega, Edison Alberca, Milton Alberca, Martín Chuquihuanca, Robert Jiménez, Segundo Veles, Melva Berrú, Ángel Jiménez y Amable Abad.

De manera especial agradecemos a Leonardo Ordóñez Delgado y su equipo: Danny Flores, Darwin Valle, Luís León, Diana Ochoa, Carmen Paralta y Roció León de la Fundación Ecológica Arcoiris por coordinar todos los aspectos logísticos durante la planificación y ejecución de este proyecto.

De igual forma, un reconocimiento especial a Conservación Internacional-Ecuador, especialmente a Luis Suárez, Tannya Lozada, Lorena Falconí, Roberto Ulloa, Cristina Félix, Emili Utreras, Cristóbal Calahorrano y Jenny Arévalo por su apoyo y coordinación del proyecto.

Este estudio fue posible gracias al generoso financiamiento del Rapid Assessment Program (RAP) de Conservación Internacional, Leon and Toby Cooperman Family Foundation, Mulago Foundation a través de Conservation Stewards Program de Conservación Internacional, Gordon and Betty Moore Foundation y de la Secretaría Nacional de Ciencia y Tecnología del Ecuador (SENACYT), a través del proyecto Inventario y Caracterización Genética y Morfológica de la Diversidad de Anfibios, Reptiles y Aves del Ecuador.

Finalmente, extendemos nuestro reconocimiento a las siguientes instituciones por su asesoría científica y por permitir que sus investigadores participen en la expedición del RAP: Pontificia Universidad Católica del Ecuador, Universidad Nacional de Loja, University of Illinois y Louisiana State University.

Reporte en breve

EVALUACIÓN ECOLÓGICA RÁPIDA DE LA BIODIVERSIDAD DE LOS TEPUYES DE LA CUENCA ALTA DEL RÍO NANGARITZA, CORDILLERA DEL CÓNDOR, ECUADOR

Fechas de la Expedición
Abril 06 al 20 de 2009

Descripción del Área
El estudio fue realizado en el Área de Conservación Colono – Shuar Los Tepuyes de Nangaritza, ubicada en la Cordillera del Cóndor, suroriente del Ecuador (Fig. 1). Esta zona de conservación tiene una extensión de 4.232 hectáreas. Su administración está a cargo de la Asociación de Centros Shuar Tayunts y la Asociación de Trabajadores Autónomos San Miguel de las Orquídeas.

La pluviosidad anual en esta zona varía entre 2.000 a 3.000 milímetros al año. La temperatura promedio es de 20–22° C, en un rango altitudinal de 950–1.850 m. Los suelos de los tepuyes son extremadamente pobres y están compuestos, principalmente, por areniscas de grano medio a grueso y un alto contenido de sílice. La vegetación de la zona incluye las siguientes formaciones: Paramillo, Bosque Chaparro, Bosque Denso Alto Piemontano.

Razones y Objetivos de la Expedición
La región suroriental del Ecuador es una zona con una gran riqueza biológica, ecológica y social. Uno de los sectores que aún guarda una significativa cobertura vegetal y su asociada biodiversidad es la cuenca del Río Nangaritza. La parte alta de esta cuenca fue declarada "Bosque y Vegetación Protectora Cuenca Alta del Río Nangaritza" (BVP-AN), como resultado de un trabajo entre el Ministerio del Ambiente Regional 8 Loja – Zamora Chinchipe, la Municipalidad de Nangaritza, la Asociación de Centros Shuar Tayunts, el Proyecto PROSENA y la Fundación Ecológica Arcoiris.

Luego de la declaratoria del BVP-AN, se definieron las líneas de acción que se debían emprender para la gestión del territorio que esta área de conservación necesitaba. Por esto, en el año 2004, se presenta el plan de manejo para la zona, el que propone varias acciones concretas para su ordenamiento territorial. Así, se crea el Área de Conservación Colono – Shuar Los Tepuyes de Nangaritza, bajo la categoría de Bosque Protector Privado. En la actualidad, la Asociación de Trabajadores Autónomos San Miguel de las Orquídeas y la Asociación de Centros Shuar Tayunts, están involucradas en su manejo y están gestionando ante la autoridad ambiental (Ministerio del Ambiente del Ecuador) la declaratoria del sitio con una categoría de protección de mayor jerarquía que fortalezca su conservación a largo plazo. Para lograr este propósito, es fundamental conocer la riqueza biológica y ecológica de estos territorios, por lo que se propuso realizar una evaluación rápida de la fauna y flora del sitio, y así obtener sustentos científicos que permitan denotar la importancia y riqueza del sector. El estudio que se presenta a continuación ofrece esta información.

Resultados Principales del Estudio

Número de especies
Plantas: 274 especies
Hormigas: 51 especies
Insectos hoja: 27 especies
Insectos palo: 15 especies
Anfibios: 27 especies
Reptiles: 17 especies
Aves: 205 especies
Mamíferos: 65 especies

Nuevos registros para Ecuador
Insectos hoja: 2 especies
Anfibios: 1 especie
Mamíferos: 2 especies

Nuevas especies para la Ciencia
Plantas: 3 especies
Insectos hoja: 13 especies
Insectos palo: 10 especies
Anfibios: 4 especies
Reptiles: 1 especie

RECOMENDACIONES PARA LA CONSERVACIÓN

Las amenazas más directas para la conservación de la biodiversidad del área son: (**i**) la expansión de la frontera agrícola y ganadera por parte de los habitantes locales y colonos, (**ii**) la extracción forestal, (**iii**) la explotación minera a pequeña y gran escala, (**iv**) la introducción de enfermedades y (**v**) los efectos del cambio climático. Dadas estas amenazas, la conservación de los tepuyes solo será posible si se toman las siguientes acciones, en el menor tiempo posible:

- **Consolidación del Área de Conservación de los Tepuyes del Nangaritza.** Este proceso se debe realizar con el liderazgo de la Asociación de Centros Shuar Tayunts y la Asociación de Trabajadores Autónomos San Miguel de las Orquídeas. Es fundamental finalizar la zonificación del área y proveer los títulos de propiedad a estas dos asociaciones. Simultáneamente, hay que delimitar claramente el área protegida, incluyendo, especialmente, zonas intangibles, científicas y turísticas. Se debe establecer sanciones claras para aquellas personas que transgredan la zona protegida sin autorización.

- **Conservación de ecosistemas adicionales.** A través de, por ejemplo, el Programa Socio Bosque del Ministerio del Ambiente del Ecuador, las comunidades locales tienen la posibilidad de ampliar el área de conservación. Este Programa provee incentivos económicos a propietarios y comunidades (con títulos legalizados) que decidan conservar voluntariamente su bosque nativo.

- **Captura de carbono.** Mediante la reforestación de zonas intervenidas con especies nativas, las comunidades locales pueden acceder a recursos económicos a través de los programas internacionales de captura de carbono, con el beneficio adicional de conectar bosques actualmente aislados mediante corredores ecológicos.

- **Evitar la explotación minera a nivel artesanal.** Para evitar el impacto de la actividad minera a pequeña escala, los pobladores deben tener alternativas viables y estar organizados. Por ejemplo, habría que establecer si el turismo es una actividad económicamente viable para los pobladores. Los puntos mencionados anteriormente (Socio Bosque y reforestación) son otras alternativas posibles.

- **Evitar la minería a gran escala.** Prevemos que una eventual actividad minería industrial de gran escala (en particular a cielo abierto) en esta zona conllevaría serias consecuencias socio-ambientales similares a las producidas por la industria petrolera en el oriente del país. Por esto, recomendamos que las comunidades de la Cordillera del Cóndor se organicen y se informen al respecto, para así negociar desde una postura humana y ecológicamente responsable.

- **Creación de un Parque Nacional que incluya las Cordilleras del Cóndor y Cutucú.** Este proyecto permitiría la conservación de una de las zonas biológica y culturalmente más diversas de Sudamérica. Sin embargo, para que la creación de este parque realmente sea significativa, se debería prohibir la explotación de su subsuelo.

Report at a Glance

A RAPID BIOLOGICAL ASSESSMENT OF THE TEPUIS IN THE UPPER NANGARITZA RIVER BASIN, CORDILLERA DEL CÓNDOR, ECUADOR

Dates of RAP Survey
April 6-20, 2009

Description of RAP Survey Sites
The survey was conducted in the Colono-Shuar Nangaritza Tepuis Conservation Area, located in the Cordillera del Cóndor in southeast Ecuador (Fig. 1). This conservation area is 4,232 hectares in size and is administered by the Association of Shuar Tayunts and the San Miguel de las Orquídeas Association of Independent Workers.

Annual rainfall in the area ranges between 2,000-3,000 millimeters. Average temperature is 20-22° C and elevation ranges from 950 to 1,850 m. The soils of the tepuis are extremely poor and are composed principally of medium to large grain sand with high silica content. The vegetation of the zone includes the following formations: Paramillo, Dwarf Forest, Premontane Wet Forest.

Reasons for the RAP Survey
The southeast region of Ecuador is an area with great biological, ecological and cultural richness. One of the areas in this region that still maintains significant natural vegetation and its associated biodiversity is the Nangaritza River Basin. The upper part of this basin was declared a "Bosque y Vegetación Protectora Cuenca Alta del Río Nangaritza" (BVP-AN), as the result of work among the Ministery of Environment Regional 8 Loja – Zamora Chinchipe, the Nangaritza Municipal government, the Association of Shuar Tayunts, the PROSENA Project and the Fundación Ecológica Arcoiris.

After the declaration of the BVP-AN, an action plan was needed to define management of the territory. A management plan presented in 2004 proposed various concrete actions for the zone. One of these was the creation of the Colono-Shuar Nangaritza Tepuis Conservation Area, under the category of Private Protected Forest. At present, the San Miguel de las Orquídeas Association of Independent Workers and the Association of Shuar Tayunts are managing the Protected Forest. They have petitioned Ecuador's Ministry of the Environment to increase the protection category of the site which would ensure its conservation in the long term. In order for this proposal to succeed, it is necessary to document the area's biodiversity and ecology. A RAP survey was proposed to evaluate the flora and fauna of the site. This survey would provide data to support claims of the site's importance and biological wealth. The study presented here contains this information.

Major Results

Number of Species Recorded
Plants: 274 species
Ants: 51 species
Katydids: 27 species
Stick Insects: 15 species
Amphibians: 27 species
Reptiles: 17 species
Birds: 205 species
Mammals: 65 species

New Records for Ecuador
Stick Insects: 2 species
Amphibians: 1 species
Mammals: 2 species

Species Likely New to Science
Plants: 3 species
Katydids: 13 species
Stick Insects: 10 species
Amphibians: 4 species
Reptiles: 1 species

RECOMMENDATIONS FOR CONSERVATION

The most direct threats to the area's biodiversity are: (i) expansion of agriculture and ranching on the part of local inhabitants and colonists, (ii) logging, (iii) large and small scale mining, (iv) the introduction of diseases to the site and (v) the effects of climate change. Given these threats, conservation of the tepuis will only be possible if the following actions are taken as soon as possible:

- Consolidation of the Nangaritza Tepuis Conservation Area. This process should be led by the Association of Shuar Tayunts and the San Miguel de las Orquídeas Association of Independent Workers. Official zoning of the area and the provision of land titles to the Association of Shuar Tayunts and the San Miguel de las Orquídeas Association of Independent Workers is fundamental to finalizing this process. Simultaneously, it is necessary to clearly delimit the protected area, including distinctions of zones for scientific use, ecotourism and areas that are completely off-limits. Sanctions for trespassing within unauthorized zones should be established and enforced.

- Conservation of additional ecosystems. Through the Ecuadorean Ministry of the Environment's Socio Bosque Program, local communities have the opportunity to amplify their benefits from the conservation area. The Socio Bosque program provides economic incentives to land owners and communities (with legal land titles) that voluntarily preserve native forests on their land.

- Carbon capture. By means of reforesting denuded areas with native species, local communities can access economic resources through international carbon capture programs, with the additional benefit of creating ecological corridors by connecting forest fragments that are currently isolated.

- Avoid small scale mining operations. To avoid impacts from small scale mining, local communities should organize and develop viable alternatives to this practice. For example, it will be necessary to establish whether or not tourism is a viable economic activity for the local populations. The points mentioned above (Socio Bosque and reforestation) are other possible alternatives.

- Avoid large scale mining operations. We anticipate that eventual large scale industrial mining activity (particularly open-pit mining) in this area will bring with it serious sociological and environmental consequences, similar to those produced by the oil industries in the eastern part of the country. For this reason, we recommend that the communities of the Cordillera del Cóndor organize and inform themselves with respect to these issues so that they are able to negotiate deals from a socially and ecologically responsible perspective.

- Creation of a National Park that includes the Cordillera del Cóndor and the Cordillera del Cutucú. This project would conserve one of the most diverse biological and cultural areas in South America. However, for the park to be a significant step in conservation, it should explicitly prohibit exploitation of its subsoils (i.e., mining).

Resumen ejecutivo

Juan M. Guayasamin y Elisa Bonaccorso

INTRODUCCIÓN

El Programa de Evaluación Rápida (RAP por sus siglas en inglés, Rapid Assesment Program) fue creado en 1990 por Conservación Internacional con la intención de obtener información biológica de una manera rápida y así catalizar la conservación de ecosistemas. Típicamente, los lugares de estudio son áreas poco conocidas, pero que, por su ubicación geográfica o estudios preliminares, se prevee que poseen una riqueza de especies excepcional o altamente amenazada.

Los RAPs están diseñados para que, en períodos cortos de tiempo (2–4 semanas), un grupo interdisciplinario pueda obtener la suficiente información biológica para que las instituciones responsables en la toma de decisiones (ej. comunidades y gobiernos locales, ministerios de ambiente, país, comunidad internacional) puedan proceder a actuar responsablemente en la conservación del área en cuestión. También es función de los participantes del RAP brindar recomendaciones lo más realistas posibles para la conservación de los ecosistemas y el bienestar de la población humana.

Los resultados de los RAPs han sido fundamentales para la creación de parques nacionales, identificación de nuevas especies para la ciencia y elaboración de planes de manejo de ecosistemas terrestres y acuáticos, con la participación de comunidades indígenas, colonos y gobiernos.

Una de las principales motivaciones para realizar un RAP en los Tepuyes en la Cuenca Alta del Río Nangaritza fue la necesidad de los habitantes locales de obtener una declaratoria oficial que proteja esta zona de futuras amenazas.

Objetivos específicos del RAP en los Tepuyes del Nangaritza

- Inventariar las especies de grupos específicos de animales (aves, mamíferos, reptiles, anfibios, insectos hoja, insectos palo y hormigas).
- Inventariar la diversidad de plantas.
- Establecer la diversidad de ecosistemas.
- Determinar las especies amenazadas que habitan en la zona.
- Identificar las amenazas presentes y potenciales a la biodiversidad, y generar recomendaciones que, de ser implementadas, eliminen o mitiguen estas amenazas.
- Proveer información biológica que facilite a los habitantes de la zona la tramitación de un estatus de protección al área por parte del Ministerio del Ambiente del Ecuador.

Antecedentes

El Ecuador, con apenas 256.370 km^2, es considerado el país con mayor diversidad biológica por unidad de área en América Latina. Confluyen en este pequeño país ecosistemas tan diversos como el Chocó, la Amazonía y los Andes, y únicos como las Islas Galápagos. Simultáneamente, el Ecuador tiene características poblacionales e históricas que hacen que su diversidad presente presiones particularmente intensas.

Así, la población humana bordea los 14 millones, siendo el país sudamericano más densamente poblado. Además, desde 1950, el número de habitantes se ha multiplicado por cuatro. Esta alta densidad poblacional, combinada con una tradición agrícola arraigada, el desarrollo reciente de monocultivos (ej. bananas, palma africana, eucalipto) y una actividad maderera descontrolada tiene como resultado que en el Ecuador se talen aproximadamente 190.000 hectáreas al año, siendo uno de los 10 países en el mundo con más alta tasa de deforestación por área. Por esto, se requiere de acciones inmediatas para investigar y conservar los bosques remanentes. Este es el caso de la Cordillera del Cóndor, en donde ya algunas investigaciones preliminares sugieren niveles elevados de diversidad biológica y endemismo (Duellman y Simmons 1988, Becking 2004, Neill 2007). Uno de los sectores que aún guarda una significativa cobertura vegetal y su asociada biodiversidad es la cuenca del Nangaritza. Por su importancia social y ambiental para la región, la parte alta de esta cuenca, fue declarada Bosque y Vegetación Protectora Cuenca Alta del Río Nangaritza (BVP-AN).

En el año 2004, se presenta el plan de manejo para la zona, el que propone varias acciones concretas para el ordenamiento territorial. Como fruto de este trabajo se crea el Área de Conservación Colono – Shuar Los Tepuyes de Nangaritza, bajo la categoría de bosque protector privado. En la actualidad, la Asociación de Trabajadores Autónomos San Miguel de Las Orquídeas y la Asociación de Centros Shuar Tayunts manejan el área y están gestionando ante la autoridad ambiental la declaratoria del sitio con una categoría de protección de mayor jerarquía que fortalezca su conservación a largo plazo. Para lograr este propósito, es fundamental conocer la riqueza biológica y ecológica que sustentan estos territorios. Por esta razón se propuso realizar una evaluación rápida de la fauna y flora del sitio, y de esta manera lograr sustentos científicos que faciliten la declaratoria del Ministerio del Ambiente.

RESULTADOS RELEVANTES PARA LA CONSERVACIÓN

Criterios para la Conservación

Heterogeneidad y unicidad de hábitat

La Cordillera del Cóndor es un sistema montañoso aislado de los ramales principales de la Cordillera de los Andes. Este aislamiento geográfico, sumado a las características particulares de su suelo (ej. compuesto por arenisca y con pocos nutrientes), tienen una notable influencia en su biodiversidad y patrones de endemismo. Así, por ejemplo, en la Cordillera del Cóndor existen especies que parecen tener su origen en los Andes aledaños, pero también tiene tipos de bosques y especies que solo se encuentran en el Escudo Guayanés, a miles de kilómetros de distancia. Otro factor que parece influir en la diversidad de la zona es la presencia de ríos y riachuelos de aguas blancas y aguas negras. Adicionalmente, se estima que el 91% de la cobertura vegetal original de la Cordillera del Cóndor se mantiene intacta (Coloma-Santos, 2007). En conjunto, los factores mencionados interactúan para producir ecosistemas únicos y diversos, como se evidencia en los resultados de este RAP.

Nivel actual de amenaza y fragilidad

La Cordillera del Cóndor forma parte de la ecoregión más amenazada y con más especies endémicas del mundo, los Andes Tropicales (Myers, *et al.* 2000). Las amenazas más notorias a la biodiversidad de la Cordillera del Cóndor se pueden resumir en:

- Destrucción, fragmentación y contaminación del hábitat debido a actividades agrícolas, ganaderas, forestales y mineras. En el caso de las mineras, al momento, a nivel nacional, se explora la posibilidad de extraer cobre y oro a gran escala; esta actividad implicaría la deforestación de las áreas explotadas, erosión del suelo, declinación poblacional de especies, contaminación de suelos, ríos y riachuelos. Además, la minería fomentaría la construcción de vías, lo que produciría la destrucción y/o fragmentación de los ecosistemas de la Cordillera, y la introducción de especies invasivas y enfermedades.

- Introducción de enfermedades. Las poblaciones de plantas y animales pueden ser seriamente amenazadas por la introducción de enfermedades. Por ejemplo, la extinción de más de 200 especies de anfibios en el mundo ha sido asociada a la introducción accidental, mediada por el ser humano, del hongo *Batrachochytrium dendrobatidis* (Lips *et al.* 2006. Wake y Vredenburg, 2008). En el Ecuador, el patrón observado a nivel mundial se repite; un tercio de las 480 especies de anfibios del país están amenazadas (Ron *et al.* en prensa).

Endemismo

A pesar que los datos presentados en este RAP provienen de una evaluación de únicamente dos semanas, la información obtenida indica claramente la importancia biológica del área. Sorprende, por ejemplo, el descubrimiento de dos nuevos registros de mamíferos para el Ecuador y una especie nueva de reptil, recientemente descrita: *Enyalioides rubrigularis* (Torres-Carvajal *et al.*, 2009). La diversidad de anfibios también es considerablemente alta, con cuatro especies nuevas para la ciencia (*Dendrobates* sp., *Pristimantis minimus, Bolitoglossa* sp., *Nymphargus* sp.). Como un resultado inesperado y tremendamente importante para la conservación de anfibios en el Ecuador, en uno de los tepuyes del Nangaritza se descubrió una población aparentemente saludable de ranas arlequines (*Atelopus* aff. *palmatus*). Este género de anfibios ha sufrido drásticas declinaciones poblacionales y/o extinciones en todo el Neotrópico (La Marca *et al.* 2005). En el Ecuador, de las 21 especies registradas, la gran mayoría parece extinta.

Al momento, solo conocemos de tres poblaciones relativamente estables en este grupo, una en el Parque Nacional Sangay, otra en los alrededores de Limón y la descubierta durante este estudio. En aves, se registraron 13 especies amenazadas o casi amenazadas de extinción a nivel mundial, tres especies cuya distribución global se restringe al centro de endemismo Bosques de Cresta Andina y seis especies confinadas al centro de endemismo Cordillera Oriental de Ecuador y Perú. Además, durante este RAP se descubrió el increíble número de 13 especies nuevas de insectos hoja y 10 especies nuevas de insectos palo.

Potencial y oportunidades para la conservación
La zona presenta al menos tres aspectos particulares que, combinados, tienen un gran potencial para la conservación:

- Los habitantes de los Tepuyes del Nangaritza se encuentran organizados e interesados en la protección de los ecosistemas de la Cordillera del Cóndor. Como fruto directo de este interés, se creó el Área de Conservación Colono – Shuar Los Tepuyes de Nangaritza, bajo la categoría de Bosque Protector Privado y que preserva las zonas altas de cada tepuy.

- La posibilidad de observar con cierta facilidad de acceso y detección especies de aves globalmente amenazadas, restringidas a la Cordillera del Cóndor y generalmente raras (ej., *Heliangelus regalis, Hemitriccus cinnamomeipectus, Myiophobus roraimae, Oxyruncus cristatus, Henicorhina leucoptera, Wetmorethraupis sterrhopteron*) le brinda a los Tepuyes del Nangaritza un alto valor para el aviturismo. El desarrollo del aviturismo en la zona ya ha empezado por una iniciativa particular, motivada por la presencia de *W. sterrhopteron*. Por esto, el potencial de implementar este modo de turismo de naturaleza sostenible es alto, y puede aportar mucho a los procesos de conservación en los tepuyes del Nangaritza ya que es una industria que mueve cifras económicas importantes sin agotar los recursos de los cuales se vale (Sekerçioglu 2002, Greenfield *et al.* 2006). No obstante, es fundamental desarrollar una zonificación de usos para el turismo, designar zonas intangibles, brindar capacitaciones a la comunidad de Las Orquídeas e implementar procesos bien evaluados, ambientalmente responsables y sustentables.

- Como consecuencia del Acuerdo de Paz entre Ecuador y Perú, se estableció la Reserva Biológica el Cóndor confomada por dos pequeños parques: uno de 6.000 ha en el Perú y el otro de 2.400 ha en el Ecuador. Estos se encuentran ubicados entre el nacimiento del río Kuankus, y el río Cenepa, formando parte de la Cordillera del Cóndor. Estos pequeños "Parques de Paz" sumados al Área de Conservación Colono – Shuar Los Tepuyes de Nangaritza, y al proyecto del corredor biológico Cóndor-Cutucú, podrían ser la base para desarrollar un gran proyecto de conservación que incluya las dos cordilleras aledañas (Cóndor y Cutucú), ambas de gran importancia biológica y cultural.

Significado Humano
El territorio de la Cordillera del Cóndor alberga pobladores ancestrales que incluyen los grupos Shuar y Ashuar, etnias que han habitado principalmente en las cuencas de los ríos Zamora, Nangaritza y Pastaza; y los grupos Aguaruna y Huambisa, en las cuencas de los ríos Cenepa y Santiago. En algunos sectores de la Cordillera del Cóndor, como en San Miguel de Las Orquídeas y sus alrededores, los colonos mantienen una relación constante con los Shuar, permitiendo el desarrollo de proyectos conjuntos, como la creación del Área de Conservación Colono – Shuar Los Tepuyes de Nangaritza. Iniciativas como esta facilitarían la elaboración de un gran proyecto para conservar la biodiversidad biológica y cultural de la Cordillera del Cóndor.

RESUMEN DE LOS RESULTADOS DEL RAP

Descripción del área de estudio
Este estudio se realizó en el Área de Conservación Los Tepuyes, que es parte del Área de Conservación Colono – Shuar Los Tepuyes de Nangaritza, ubicada en la Cordillera del Cóndor, Cantón Nangaritza, provincia de Zamora Chinchipe, Ecuador (Fig. 1). La zona de Los Tepuyes tiene un área de 4.232 ha y está administrada por la Asociación de Centros Shuar Tayunts y la Asociación de Trabajadores Autónomos San Miguel de las Orquídeas. El nombre de Tepuy, con el que generalmente se identifica a las montañas de esta zona, no es equivalente a los verdaderos tepuyes que se encuentran en el Escudo Guayanés, siendo estas últimas formaciones mucho más antiguas que las del Ecuador; sin embargo, ambas montañas deben sus similitudes a su suelo, compuesto principalmente por arenisca. El área de Los Tepuyes tiene clima subtropical muy húmedo. La pluviosidad anual varía entre 2.000 a 3.000 milímetros al año. La temperatura promedio es de 20–22° C, en un rango altitudinal entre los 950 y 1.850 m. En esta región, los suelos son extremadamente pobres y están compuestos, principalmente, por areniscas de grano medio a grueso y muy ricos en sílice. Los bosques en el tope de estas formaciones suelen ser chaparros justamente como una adaptación a la escasa cantidad de nutrientes que tienen sus suelos. La vegetación de la zona incluye las siguientes formaciones: Paramillo, Bosque Chaparro, Bosque Denso Alto Piemontano. Las características de los tepuyes muestreados están resumidas en la Tabla 1. Las colecciones científicas realizadas durante esta expedición contaron con el permiso N° 006-IC-FLO-DBAP-VS- DRLZCH-MA, emitido por el Ministerio del Ambiente del Ecuador.

	Sitio 1 (Tepuy 1 – Miazi Alto)	Sitio 2 (Tepuy 2)
Coordenadas	04,25026 S 78,61746 W	04,25791 S 78,681636 W
Elevación	1256–1430 m	1200–1850 m
Tipos de Bosque	Bosque Denso Piemontano, Bosque Denso Montano Bajo, Bosque Chaparro	Bosque Denso Piemontano, Bosque Denso Montano Bajo, Bosque Chaparro Páramo Arbustivo Atípico
Fechas del muestreo	06–12 de abril, 2009	14–20 de abril, 2009

Tabla 1. Características generales de los sitios de muestreo en la Cordillera del Cóndor.

Flora

Este estudio incluye un análisis de la composición florística, índices de diversidad y similitud, hábitos de crecimiento, y recomendaciones para la conservación de los remanentes boscosos en dos Tepuyes de la Cordillera del Cóndor en el sur del Ecuador. Aquí se describen cuatro tipos de bosque: Bosque Denso Piemontano, Bosque Denso Montano Bajo, Bosque Chaparro y Páramo Arbustivo Atípico. El análisis florístico en el sitio 1 registra 49 familias y 162 especies, dos de las cuales son nuevas para la ciencia: *Cinchona* sp.1 (Rubiaceae) y *Dacryodes* sp. (Burseraceae). En el sitio 2 se detectaron 68 familias y 159 especies, con *Cinchona* sp.2 como especie nueva. Según los índices de similitud de Sorensen y Jaccard, se deduce que los dos sitios donde se realizó la muestra son poco parecidos florísticamente. Se registraron géneros y especies como *Pagamea, Phainantha, Humiriastrum, Podocarpus tepuiensis*, consideradas de gran importancia biogeográfica ya que también están presentes en el escudo Guayanés en Venezuela, Mapiri en Bolivia, o en las vertientes orientales de los Andes.

Hormigas

Los análisis preliminares del estudio indican al menos 32 géneros y 51 especies de hormigas en las muestras. Aún se debe finalizar las identificaciones de todos los especímenes de hormigas recolectadas durante este RAP para poder determinar cuántas especies son nuevas para la ciencia y cuántas pueden ser restringidas a los Tepuyes de Nangaritza. Según el análisis preliminar, la diversidad y composición de la fauna de hormigas parece típica de los bosques lluviosos tropicales de elevación media.

Insectos hoja e insectos palo

El inventario de insectos hoja produjo una colección de 27 especies típicas de bosque: 21 en el sitio 1 y 14 en el sitio 2 (8 especies compartidas). Trece de estas especies son probablemente nuevas para la ciencia y tres de ellas requieren la descripción de un nuevo género. Adicionalmente, dos especies fueron registradas por primera vez en el Ecuador. Los insectos palo estuvieron representados por 15 especies (ambos sitios combinados), entre los que se cuentan 10 especies nuevas y un género nuevo. La diversidad real de ambos grupos es, con certeza, mucho mayor a lo estimado en este reporte.

Anfibios y Reptiles

Se registraron 27 especies de anfibios y 17 de reptiles. Cuatro de las especies de anfibios (*Bolitoglossa* sp., *Dendrobates* sp., *Pristimantis minimus, Nymphargus* sp.) son nuevas para la ciencia. Una de las especies de reptiles encontrada en la zona fue descrita recientemente como *Enyalioides rubrigularis*. Se registra por primera vez para el Ecuador a la rana de cristal *Nymphargus chancas*. Además, se resalta el descubrimiento de una población saludable de ranas arlequines (*Atelopus* aff. *palmatus*), grupo muy amenazado en todo el Neotrópico. Las pruebas de quitridiomicosis realizadas en todos los juveniles y adultos de las ranas arlequines resultaron negativas.

Aves

Se detectaron un total de 205 especies, a las que se suman 9 adicionales encontradas por N. Krabbe en un estudio anterior. En los sitios 1 y 2 se registraron 155 y 127 especies, respectivamente; 68 fueron compartidas entre ambos sitios, 87 especies fueron exclusivas del sitio 1 y 59 del 2. En total, se registraron 13 especies amenazadas o casi amenazadas de extinción a nivel mundial y 10 a nivel nacional. Se encontraron tres especies cuya distribución global se restringe al centro de endemismo Bosques de Cresta Andina y seis confinadas al centro de endemismo Cordillera Oriental de Ecuador y Perú. Veinticuatro especies se registraron por primera vez en la región de los Tepuyes del Nangaritza, mientras que otras 53 se encontraron fuera de los límites de distribución reportados en estudios anteriores. Adicionalmente, se registraron 16 especies consideradas raras a nivel nacional. Entre ellas destaca *Heliangelus regalis* (Solángel Real), reportado por primera vez en Ecuador hace apenas un año en la misma región de Nangaritza.

Mamíferos

Se registraron 65 especies de mamíferos pertenecientes a 10 órdenes, 24 familias y 52 géneros. Al nivel de órdenes, el más diverso fue con 18 especies que corresponden al 27.7% del total registrado. Al nivel de familias, la más diversa fue *Phyllostomidae* (Chiroptera), con 18 especies. Se capturaron 95 individuos de micromamíferos pertenecientes a 20 especies. La especie más abundante fue *Dermanura glauca* (Pi = 0.136) con 13 capturas. Tanto el Índice de Diversidad de Simpson como el de Shannon indican alta diversidad (S = 0.909; H' = 2.527; H'max = 2.995). De las 65 especies registradas, 59 se encontraron en el sitio 1 y 56 en el sitio 2. Las dos localidades presentan 50 especies en común mientras que nueve especies están presentes solo en el sitio 1 y seis son únicas del sitio 2. El índice de similitud de Sorensen (S = 0.869) y el de Jaccard (J = 0.769) muestra que ambas localidades son bastante parecidas en términos de diversidad. La mayor diferencia en presencia/ausencia de especies se presentó dentro del orden Chiroptera pues de las 15 especies no compartidas, 10 corresponden a murciélagos. Se registraron 29 especies que están dentro de alguna categoría de amenaza, el 44.6% del total registrado. Dos especies, *Sturnira nana* y *Thomasomys* sp., se reportan por primera vez para el Ecuador.

Amenazas

Las amenazas más directas para la conservación de la biodiversidad del área son: (i) la expansión de la frontera agrícola y ganadera , (ii) la extracción forestal, (iii) la explotación minera a pequeña y gran escala, (iv) la introducción de enfermedades y (v) los posibles efectos del cambio climático.

RECOMENDACIONES PARA LA CONSERVACIÓN

Las recomendaciones se dividen en generales y particulares. Las generales son aquellas sugeridas por todos o la mayoría de los grupos de investigación, mientras que las específicas se refieren a necesidades particulares relacionadas a cada grupo taxonómico.

Recomendaciones generales:

- Dado que los Tepuyes del Nangaritza son protegidos por la Asociación de Centros Shuar Tayunts y la Asociación de Trabajadores Autónomos San Miguel de las Orquídeas, se recomienda colaborar con estos grupos para asegurar la conservación del área, su diversidad y los beneficios directos (agua) o potenciales (ecoturismo) que las comunidades aledañas pueden percibir. Como parte integral de este proceso, se debe finalizar la zonificación del área y proveer los títulos de propiedad a la Asociación de Centros Shuar Tayunts y a la Asociación de Trabajadores Autónomos San Miguel de las Orquídeas. Simultáneamente, hay que delimitar claramente el área protegida, la misma que debería definir especialmente zonas intangibles, científicas y turísticas. Se debe establecer sanciones claras para aquellas personas que transgredan la zona protegida.

- El Ministerio del Ambiente del Ecuador, a través del Programa Socio Bosque, provee incentivos económicos a propietarios y comunidades (con títulos legalizados) que decidan conservar voluntariamente su bosque nativo. Las poblaciones locales deben considerar la posibilidad de integrarse a este programa y, de esta manera, obtener recursos que podrían ser utilizados en actividades que beneficien a toda la comunidad y promuevan la conservación de sus bosques. Además, la conservación de ecosistemas aledaños permitiría mantener la conectividad entre bosques, necesaria para la persistencia de especies con rangos de vida extensos. También se puede promover esta conectividad a través de programas de reforestación, que podrían ser financiados mediante proyectos de captura de carbono.

- Para evitar la explotación minera a nivel artesanal, las comunidades que habitan la Cordillera del Cóndor deben estar organizadas y haber definido alternativas viables que suplan esta actividad. Por ejemplo, habría que definir si el ecoturismo es una actividad económicamente rentable para los pobladores de esta zona. Otras fuentes económicas potenciales que promueven la conservación son: el Programa Socio Bosque del Estado ecuatoriano y la reforestación, mediante proyectos de captura de carbono.

- Si el Estado ecuatoriano decide, en algún momento, realizar concesiones mineras a nivel industrial, se debe entregar a las comunidades los estudios de impacto ambiental y planes de mitigación que incluyan análisis interdisciplinarios de alto nivel (ej. biológicos, físico-químicos, geográficos, geológicos), que permitan desarrollar estrategias concretas para minimizar el impacto sobre especies endémicas y/o amenazadas, y que garantice la persistencia de la diversidad biológica, así como la calidad de los servicios que provee el bosque (ej. agua). También se debería implementar un sistema de monitoreo eficiente e independiente a las actividades mineras.

- La Asociación de Centros Shuar Tayunts y la Asociación de Trabajadores Autónomos San Miguel de las Orquídeas deben estar capacitados y continuamente involucrados en el monitoreo de la conservación de los tepuyes.

- Se debe considerar la creación de un Parque Nacional que incluya las Cordilleras del Cóndor y Cutucú, lo que permitiría la conservación de una de las zonas biológicas y culturalmente más diversas de Sudamérica.

- El conocimiento de la diversidad biológica del área de estudio continúa incompleto, por lo que se recomienda realizar estudios más profundos.

Recomendaciones específicas:

Flora

- La silvicultura, aplicada para obtener de los bosques una producción contínua de bienes y servicios demandados por la sociedad, se puede practicar en zonas ya alteradas por el ser humano, utilizando las siguientes especies maderables: *Humiriastrum baslamifera, H. mapieriense, Podocarpus tepuiensis, Pagamea dudleyi, Dacryodes* sp. También se puede hacer un manejo de especies con potencial alimenticio y frutales nativos como el Chamburo *(Jacaratia digitata)*, Yarazo *(Pouteria caimito)*, Membrillo *(Eugenia stipitata)* y Apai *(Grias peruviana)* y medicinales como Cascarillas *(Cinchona* spp.*)*, Santa María *(Piper umbellatum)* entre otras.

- Se recomienda establecer programas de reforestación con especies nativas en las zonas alteradas, tales como la Balsa *(Ochroma pyramidale)*, Tunashi *(Piptocoma discolor)* y Sannon *(Hyeronima asperifolia)*, que son de rápido crecimiento. Además, se debe considerar la posibilidad de crear corredores de bosques entre los ahora aislados tepuyes. Hay que tomar en cuenta que, la reforestación y conservación de los bosques tienen el potencial de ser alternativas económicas viables para los pobladores locales a través de programas de captura y retención de carbono.

Hormigas:

- Los bosques lluviosos de elevaciones medias alrededor de 1200 m, como los inventariados en este RAP, por lo general tienen menor diversidad que las tierras bajas, y frecuentemente están habitados por especies diferentes. Por este endemismo, dichos bosques deberían ser parte de una estrategia de conservación.

- La cumbre del sitio 2, con su vegetación única de tipo páramo, y aquellas de otros tepuyes en las montañas de Nangaritza, probablemente posee especies endémicas y únicas de hormigas. Se deben realizar inventarios de la fauna de hormigas, a fin de documentar la diversidad y composición de estas cumbres.

Insectos hoja e insectos palo:

- Los miembros neotropicales de la subfamilia Pseudophyllinae están, con muy pocas excepciones, restringidos al bosque lluvioso prístino y usualmente no habitan en bosque secundario, menos aún en áreas deforestadas o pastizales. Por esto, la conservación del bosque remanente es fundamental para la supervivencia de estas especies.

- La Cordillera del Cóndor, con la mayoría de su diversidad por descubrirse, es de particular interés para los biólogos y podría servir para captar el interés entre estudiantes. Los insectos hoja y fásmidos podrían ser representantes prominentes de varios fenómenos biológicos como por ejemplo, la evolución del camuflaje perfecto.

Anfibios y Reptiles:

- Para que las poblaciones de anfibios y reptiles de los tepuyes se mantengan saludables, la conservación de los bosques es esencial. Los ríos y riachuelos deben estar rodeados por vegetación nativa y estar libres de contaminantes, por lo que se deben evitar actividades como la minería, la agricultura y la ganadería.

- En el sitio 1, se registra por primera vez para el Ecuador a la rana de cristal *Nymphagus chancas*. Esta especie se conocía únicamente en una localidad al nororiente del Perú (Abra Tangarana). Además, la presencia de al menos dos especies nuevas de anfibios (*Pristimantis minimus, Nymphargus* sp.), una de reptil (*Enyalioides rubrigularis*) y de especies endémicas como *Oreobates simmonsi* y *Bothrocophias microphthalmus*, justifica una protección efectiva a largo plazo.

- En el sitio 2, el descubrimiento de una población de ranas arlequines (*Atelopus* aff. *palmatus*), con renacuajos y adultos aparentemente saludables, impone la toma de medidas particulares que se deberían ejecutar en el menor tiempo posible. Entre las más importantes tenemos:

o Restringir el acceso de personas (locales y turistas) y animales exóticos al sitio para reducir la probabilidad de introducir enfermedades (ej., hongo quítrido) que pueden ser letales para las ranas arlequines y otros anfibios.

o Implementar un plan de investigación que establezca el estatus de la población de ranas arlequines y su viabilidad.

o Realizar búsquedas en las zonas aledañas para establecer si existen poblaciones adicionales de ésta u otra especie de *Atelopus*.

- De igual manera, en el sitio 2, se deberían tomar las medidas de conservación apropiadas (preservación del bosque, educación ambiental, asegurar la pureza del agua de los riachuelos, limitar el acceso de personas, prohibir la agricultura, minería y ganadería) para la conservación de las especies nuevas descubiertas (*Bolitoglossa* sp., *Dendrobates* sp., *Nymphargus* sp., *Pristimantis minimus*).

Aves

- La mayoría de especies de aves endémicas a la Cordillera del Cóndor, varias de las cuales además se consideran amenazadas o casi amenazadas de extinción, están confinadas a las partes altas de los tepuyes, incluyendo una especie globalmente en peligro (*Heliangelus regalis*). Si bien no se dispone de información del estado poblacional de la avifauna en la zona, se estima que la protección de estos tepuyes puede representar una estrategia válida para su conservación en el largo plazo, por lo que se debe apoyar cualquier esfuerzo para proteger estos bosques. Sin embargo, es fundamental contar con censos poblacionales más específicos para cuantificar las poblaciones de dichas especies en distintos tipos de bosque, determinar sus preferencias de hábitat y evaluar la efectividad de limitar la conservación solamente a las porciones más altas de los tepuyes.

- En la parte baja del área de estudio, correspondiente al Bosque Piemontano, la extracción selectiva de madera al parecer es intensa. Esto puede tener consecuencias graves sobre *Wetmorethraupis sterrhopteron* (Vulnerable a nivel global) que no alcanza la zona de los tepuyes, sino que se limita a este tipo de bosques. Esta especie, endémica de la Cordillera del Cóndor, podría tener una población importante en la región por lo que la relevancia global de la zona es alta.

- El desarrollo del aviturismo en la zona ha empezado por una iniciativa particular, motivada precisamente por la presencia de *W. sterrhopteron*. El potencial de este modo de turismo de naturaleza es alto y puede aportar significativamente a los procesos de conservación en los Tepuyes del Nangaritza. La posibilidad de observar, con cierta facilidad de acceso y detección, especies globalmente amenazadas, endémicas de la Cordillera del Cóndor y generalmente raras (por ejemplo, *Heliangelus regalis, Hemitriccus cinnamomeipectus, Oxyruncus cristatus, Henicorhina leucoptera*) le brinda a los Tepuyes del Nangaritza un alto valor para el aviturismo. No obstante, es fundamental desarrollar una zonificación de usos para el turismo, destacar áreas intangibles, capacitar a la comunidad de Las Orquídeas y ejecutar proyectos turísticos concretos, bien evaluados, ambientalmente responsables y sustentables.

Mamíferos

Debido al desconocimiento sobre los murciélagos, roedores y marsupiales, cuando se dan encuentros ocasionales con estos animales, muchas veces los pobladores de la zona matan a estos pequeños mamíferos. Por lo tanto, es importante establecer un programa de educación ambiental que enfatice la importancia de estos animales en los procesos ecológicos del bosque (dispersión de semillas, polinización, depredación de insectos) y que clarifique que estos animales no representan ningún riesgo para los seres humanos.

BIBLIOGRAFÍA

Becking, M., 2004. Sistema Microregional de Conservación Podocarpus. Tejiendo (micro) corredores de conservación hacia la cogestión de una reserva de Biosfera Cóndor-Podocarpus. Programa Podocarpus. Loja, Ecuador.

Coloma-Santos, A. Parque El Cóndor. 2007. *En*: ECOLAP y MAE: Guía del Patrimonio de Áreas Naturales Protegidas del Ecuador. ECOFUND, FAN, DarwinNet, IGM. Quito, Ecuador.

Duellman, W. E., y J. E. Simmons. 1988. Two new species of dendrobatid frogs, genus *Colostethus*, from the Cordillera del Cóndor, Ecuador. *Proceedings of the Academy of Natural Science of Philadelphia*, 140: 115–124.

Greenfield, P., O. Rodríguez, B. Krohnke, e I. Campbell. 2006. Estrategia Nacional para el Manejo y Desarrollo Sostenible del Aviturismo en Ecuador. Ministerio de Turismo, Corpei y Mindo Cloudforest Foundation. Quito.

La Marca, E., Lötters, S., Puschendorf, R., Ibáñez, R., Rueda-Almonacid, J. V., Schulte, R., Marty, C., Castro, F., Manzanilla-Puppo, J., García-Pérez, J. E., Bolaños, F., Chaves, G., Pounds, J. A., Toral, E., y Young, B. E. 2005. Catastrophic population declines and extinctions in neotropical harlequin frogs (Bufonidae: *Atelopus*). *Biotropica*, 37: 190–201.

Lips K. R., F. Brem, R. Brenes, J. D. Reeve, R. A. Alford, J. Voyles, C. Carey, L. Livo, A. P. Pessier, y J. P. Collins. 2006. Emerging infectious disease and the loss of biodiversity in a Neotropical amphibian community. *PNAS*, 103: 3165–3170.

Myers, N., R. A. Mittermeier, C. G. Mittermeier, G. A. B. da Fonseca, y J. Kent. 2000. Biodiversity hotspots for conservation priorities. *Nature*, 403: 853–858.

Neill, D. A. 2007. Botanical Inventory of the Cordillera del Condor Region of Ecuador and Peru. *Project Activities and Findings*, 2004–2007.

Ron, S., J. M. Guayasamin, L. A. Coloma y P. A. Menéndez-Guerrero. En prensa. Biodiversity and Conservation Status of Amphibians in Ecuador. *En*: Status of conservation and decline of Amphibians: Western Hemisphere. Volumen 9 en Amphibian Biology. (H. Heatwole, C. Barrio-Amoros and J. Wilkinson Eds.) Surrey Beatty & Sons Pty. Ltd. Australia.

Sekerçioglu, C. H. 2002. Impacts of birdwatching on human and avian communities. *Environmental Conservation*, 29: 282–289.

Torres-Carvajal, O., K. de Queiroz y R. Etheridge. 2009. A new species of iguanid lizard (Hoplocercinae, *Enyalioides*) from southern Ecuador with a key to eastern Ecuadorian *Enyalioides*. *Zookeys*, 27: 59–71.

Wake, D. B. y V. T. Vredenburg. 2008. Are we in the midst of the sixth mass extinction? A view from the world of amphibians. *PNAS,* 105: 11466–73.

Executive Summary

Juan M. Guayasamin and Elisa Bonaccorso

INTRODUCTION

The Rapid Assessment Program (RAP) was created in 1990 by Conservation International with the objective of rapidly collecting the biological information necessary to catalyze conservation actions and protection of biodiversity. Typically, RAP study areas are poorly known, but based on their geographic location or preliminary studies, they are expected to have exceptionally high species richness and/or a large number of threatened species. RAP surveys are designed so that, in a short period of time (2-4 weeks), an interdisciplinary group of researchers can obtain sufficient biological information to provide to the institutions responsible for making decisions (e.g., local communities and governments, environmental ministries, countries, international community) so that they can proceed to develop responsible conservation strategies for the area in question. It is also the responsibility of the RAP team to make realistic recommendations for conservation of the surveyed ecosystems and also for the well-being of local human populations.

Results of RAP surveys have been fundamental in the creation of national parks, discovery of species new to science, and development of management plans for terrestrial and aquatic ecosystems with the participation of indigenous communities, colonizers and governments. One of the principal motivations for conducting a RAP survey in upper Nangaritza river basin was the local communities' need to obtain official protection status that would guarantee protection of the area from future threats.

Specific objectives of the Nangaritza Tepuis RAP survey

- Inventory species in specific taxonomic groups (plants, birds, mammals, reptiles, amphibians, katydids, stick insects and ants).
- Document ecosystem diversity.
- Identify the threatened species inhabiting the area.
- Identify the current and potential threats to biodiversity and make recommendations to eliminate or mitigate these threats.
- Provide biological information that will facilitate the local communities in their wefforts to obtain increased protection status for the area from the Ecuadorean Ministry of the Environment.

Background

Ecuador, with a land area of only 256,370 km^2, is considered as the country with the highest biological diversity per unit area in Latin America. Ecosystems as diverse as the Chocó, Amazonía, and the Andes, and as unique as the Galápagos Islands come together in this tiny country. Simultaneously, characteristics of Ecuador's population and history put particularly intense pressures on its biodiversity. For example, the population of Ecuador is close to 14 million people, making it the most densely populated country in South America. Since 1950, the country's population has quadrupled. This high population density, combined with an ingrained agricultural tradition, recent development of monocultures (e.g., bananas, oil palm, and eucalyptus) and unregulated logging activity are a few reasons why Ecuador destroys approximately 190,000 hectares of forest annually. This is among the top ten highest deforestation rates per unit area in the world. Consequently, immediate action is required to investigate and preserve remaining forests. This is the case with the Cordillera del Cóndor, where the few preliminary studies that have been conducted suggest elevated levels of biological diversity and endemism (Duellman and Simmons 1988, Becking 2004, Neill 2007). One of the areas that still maintains significant forest cover and associated biodiversity is the Nangaritza River Valley. Because of its social and environmental importance to the region, the upper part of the valley was declared the Bosque y Vegetación Protectora Cuenca Alta del Río Nangaritza (BVP-AN).

In 2004, a management plan was proposed which included various concrete actions for management of the territory. As a result of this plan, the Colono-Shuar Nangaritza Tepuis Conservation Area was created under the category of Private Protected Forest. Currently, the San Miguel de las Orquídeas Association of Independent Workers and the Association of Shuar Tayunts manage the area and are petitioning the Ecuadorean Ministry of the Environment to upgrade the protection category of the Nangaritza Tepuis Conservation Area site which would ensure its conservation in the long term. In order to achieve this goal, it is necessary to document the biological and ecological diversity within these territories. For this reason, a RAP survey was proposed to document the fauna and flora of the site and in this way obtain the scientific data necessary to facilitate the upgrade petition to the Ministry of the Environment.

RELEVANT RESULTS FOR CONSERVATION-RELATED CONSIDERATIONS

Criteria for Conservation

Heterogeneity and uniqueness of the habitat

The Cordillera del Cóndor is a mountain chain isolated from the main branches of the Andes. This geographic isolation, combined with unique soil characteristics (i.e., composed of sand with few nutrients), has a notable influence on biodiversity and endemism patterns. For example, the Cordillera del Cóndor is home to species that appear to have their origin in the nearby Andes, but also to forests types and species that can only be found in the Guiana Shield, thousands of kilometers away. Another factor that influences diversity in the area is the presence of both black and white water streams. It is estimated that 91% of the original forest cover remains intact in the Cordillera del Cóndor (Coloma-Santos, 2007). Together, the factors mentioned above interact to produce unique and diverse ecosystems, as evidenced by the results of this RAP survey.

Current level of threat and fragility

The Cordillera del Cóndor forms part of the most threatened ecoregion in the world, the Tropical Andes. This ecoregion is also home to more endemic species than any other (Myers, *et al.* 2000). The more pressing threats to the biodiversity of the Cordillera del Cóndor are:

- Destruction, fragmentation and contamination of habitat due to agriculture, ranching, forestry, and mining activities. In the case of the mining industry, at the national level the Government is currently exploring the possibility of extracting copper and gold on a large scale; these activities would result in deforestation of the exploited areas, soil erosion, species population decline, and contamination of soils, rivers and streams. In addition, mining would encourage road construction which would likely result in the destruction and/or fragmentation of ecosystems and could introduce invasive species and diseases to the Cordillera del Cóndor.

- Potential damage to plant and animal populations via the introduction of diseases. For example, the extinction of more than 200 amphibian species worldwide has been attributed to the accidental and human-mediated introduction of the fungus *Batrachochytrium dendrobatidis* (Lips *et al.* 2006; Wake and Vredenburg, 2008). In Ecuador, this same global pattern has been repeated; a third of the 480 species of amphibians in the country are threatened with extinction (Ron *et al.* in press).

Endemism

Despite the fact that the results presented here come from a RAP survey only 2 weeks long, the data clearly indicate the biological importance of the area. Surprises included, for example, the discovery of two new reptile species records for Ecuador and one recently described reptile species: *Enyalioides rubrigularis* (Torres-Carvajal *et al.*, 2009). Amphibian diversity was also found to be quite high, with four species identified as new to science (*Dendrobates* sp., *Pristimantis minimus, Bolitoglossa* sp., *Nymphargus* sp.). As an unexpected and tremendously important result for the conservation of Ecuadorean amphibians, an apparently healthy population of harlequin frogs (*Atelopus* aff. *palmatus*) was found on one of the tepuis. This genus of amphibians has suffered drastic population declines and/or extinctions throughout the Neotropics (La Marca *et al.*, 2005). In Ecuador, of the 21 known species, the vast majority appear to be extinct. At the moment, only three relatively stable Atelopus populations are known: one in Sangay National Park, another near Limón and the third discovered during this study. For birds,

13 globally threatened or near-threatened species, three species restricted to the Forests of the Andean Crest center of endemism, and six species confined to the Eastern Cordillera of Ecuador and Peru were recorded. Additionally during this RAP survey, an incredible 13 new species of katydids and 10 new species of stick insects were discovered.

Potential and opportunities for conservation
The area has at least three particular characteristics that, combined, give it great potential for conservation:

- The inhabitants of the Nangaritza tepuis are organized and interested in the protection of the ecosystems of the Cordillera del Cóndor. As a direct result of this interest, the Colono-Shuar Nangaritza Tepuis Conservation Area was created with Private Protected Forest status, preserving the upper reaches of each tepui.

- The possibility of easily observing globally threatened, Cordillera del Cóndor endemic, and generally rare bird species (e.g. *Heliangelus regalis, Hemitriccus cinnamomeipectus, Myiophobus roraimae, Oxyruncus cristatus, Henicorhina leucoptera, Wetmorethraupis sterrhopteron*) gives the Nagaritza tepuis high value and potential for avitourism. The development of avitourism in the area has already begun due to an initiative motivated by the presence of *W. sterrhopteron*. For this reason, the potential to implement this type of sustainable ecotourism is high. As an industry that provides important economic incentives without harming the natural resources it uses, ecotourism in general could contribute significantly to the process of conservation in the Nangaritza Tepuis (Sekerçioglu 2002, Greenfield *et al.* 2006). Nevertheless, it is essential to develop zoning to create areas that can be used for tourism and those that are off-limits to tourists, to build capacity for ecotourism within the Las Orquídeas community, and to implement well evaluated, environmentally responsibly and sustainable practices.

- As a consequence of the Peace Accord between Ecuador and Peru, the Biological Reserve El Cóndor was established. It is composed by two small parks: one with 6,000 ha in Peru and another with 2,400 ha in Ecuador. They are located between the source of the Kuankus and Cenepa rivers. These small "Peace Parks", adjacent to the Colono-Shuar Nangaritza Tepuis Conservation Area, and to the Cóndor-Cutucú biological corridor, could form the basis for development of a larger conservation project that would include the neighboring Cordilleras (Cóndor and Cutucú), which both have great biological and cultural importance. The possible inclusion of the two Cordilleras in a larger project, would keep the biological and cultural diversity of the Cordilleras intact and could form part of project proposals for carbon credits to be derived from avoiding potential emissions.

Significance for humans
The Cordillera del Cóndor is the ancestral home of indigenous populations including the Shuar and Ashuar, ethnic groups that have principally inhabited the Zamora, Nangaritza and Pastaza river valleys; and the Aguaruna and Huambisa, who have traditionally inhabited the Cenepa and Santiago river valleys. In some areas of the Cordillera del Cóndor, like San Miguel de Las Orquídeas and surrounding areas, colonists maintain a collaborative relationship with the Shuar, which has permitted them to develop projects together, like the creation of the Colono-Shuar Nangaritza Tepuis Conservation Area. Initiatives such as this would facilitate the development of a large scale project to conserve the biological and cultural diversity of the Cordillera del Cóndor.

SUMMARY OF THE RAP RESULTS

Description of study area
This study was conducted in the Tepuis Conservation Area, which is part of the Colono-Shuar Nangaritza Tepuis Conservation Area, located in the Cordillera del Cóndor, Nangaritza Region, Zamora-Chinchipe Province, Ecuador (Fig. 1). The Tepuis Conservation Area (4,232 hectares) is managed by the Association of Shuar Tayunts and the San Miguel de las Orquídeas Association of Independent Workers. Although the word tepui is generally used to identify the mountains in this area, the Nanagritza tepuis are not equivalent to the true tepuis found in the Guiana Sheild, which are much larger and older than those of Ecuador; nevertheless, both types of tepuis share similar soils, composed primarily of sand. The Tepuis Conservation Area has a wet subtropical climate. Annual rainfall ranges from 2,000 to 3,000 millimeters. Average temperature is 20-22° C and elevation ranges from 950 to 1,850 meters. The soils of this region are extremely poor and composed primarily of medium to large grain sand high in silica content. The forests atop the tepuis are dwarfed – an adaptation to the low nutrient content of the soils. The vegetation in the area includes the following formations: Paramillo, Dwarf Forest, and Pre-montane Wet Forest. The physical characteristics of the sampled tepuis are summarized in Table 1. The scientific collections made during this RAP survey were conducted with permit N° 006-IC-FLO-DBAP-VS- DRLZCH-MA from Ecuador's Ministry of the Environment.

	Site 1 (Tepui 1 – Miazi Alto)	Site 2 (Tepui 2)
Coordinates	04,25026 S 78,61746 W	04,25791 S 78,681636 W
Elevation	1256–1430 m	1200–1850 m
Forest Types	Pre-montane Wet Forest Lower Montane Wet Forest Dwarf Forest	Pre-montane Wet Forest Lower Montane Wet Forest Dwarf Forest Paramillo
Sampling Dates	April 6-12, 2009	April 14-20, 2009

Tabla 1. General characteristics of the sampled sites in the Cordillera del Cóndor.

Flora

This study includes an analysis of floristic composition, indices of diversity and similarity, phenology, and recommendations for conservation of the remaining forests on the two surveyed tepuis in the Cordillera del Cóndor in southern Ecuador. We found four forest types: Pre-Montane Wet forest, Lower Montane Wet Forest, Dwarf Forest and Paramillo. At Site 1, 49 families and 162 species of plants were registered, two of which are new to science: *Cinchona* sp. 1 (Rubiaceae) and *Dacryodes* sp. (Burseraceae). At site 2, 68 families and 159 species were detected with one new species, Cinchona sp. 2. According to Sorensen and Jaccard similarity indices, the two sample sites are not very similar floristically. Genera and species of great biogeographical interest (because they also occur in the Guiana Shield, Mapiri in Bolivia, or on the eastern slopes of the Andes) were documented including *Pagamea, Phainantha, Humiriastrum*, and *Podocarpus tepuiensis.*

Ants

A preliminary analysis of the data indicates at least 32 genera and 51 species of ants among the samples (Table 3.1). Identifications of all ant species collected during this RAP survey still need to be finalized in order to determine how many species new to science were found as well as how many species that could be restricted to the Nangaritza tepuis. According to the preliminary analysis, the diversity and composition of the ant fauna appears to be typical of mid-elevation tropical wet forests.

Katydids and Stick Insects

An inventory of katydids produced 27 typical forest species: 21 at Site 1 and 14 at Site 2 (with eight species shared between sites). Thirteen of these species are likely new to science and three also represent new genera. Additionally, two species were recorded for the first time in Ecuador. Stick insects were represented by 15 species (Sites 1 and 2 combined), of which 10 species are likely new to science, with one of those representing a new genus. The actual diversity of both these groups is certainly much higher than the number reported here.

Amphibians and Reptiles

Twenty-seven amphibian and 17 reptile species were registered during this RAP survey. Four of the amphibian species (*Bolitoglossa* sp., *Dendrobates* sp., *Pristimantis minimus, Nymphargus* sp.) are new to science. One of the reptiles species found in the area was recently named as *Enyalioides rubrigularis.* The glass frog *Nymphargus chancas* was recorded and represents a new record for Ecuador. In addition, a healthy population of harlequin frogs (*Atelopus* aff. *palmatus*), a highly threatened group throughout the Neotropics, was discovered. All tests for chytridiomycosis conducted on adults and juveniles of the harlequin frogs were negative.

Birds

A total of 205 species were documented during this survey with 9 more documented by N. Krabbe in a previous study. At Sites 1 and 2, 155 and 127 species were recorded respectively: 68 occurred at both sites, 87 were exclusive to Site 1 and 59 to Site 2. In total, 13 globally threatened or near-threatened and 10 nationally threatened species were observed. Three of the species encountered are restricted to the Forests of the Andean Crest center of endemism and six are restricted to the center of endemism in the Eastern Cordillera of Ecuador and Peru. Twenty-four species were recorded for the first time in the Nangaritza Tepui region, while another 53 were observed outside of their previously reported geographic range distribution. In addition, 16 species considered rare at the national level were documented during the survey. Among these the most interesting may be *Heliangelus regalis* (Solángel Real), which was reported for the first time in Ecuador just one year earlier, also in the Nangariza region.

Mammals
Sixty-five mammal species in 52 genera, 24 families and 10 orders were recorded. The most diverse order was Chiroptera with 18 species that correspond to 27.7% of the total number of documented species. At the family level, the most diverse was *Phyllostomidae* (Chiroptera) with 18 species. Ninety-five individuals belonging to 20 species of small mammals were captured. The most abundant species was *Dermanura glauca* (Pi = 0.136) with 13 captures. Both the Simpson and Shannon diversity indices indicate high diversity (S = 0.909; H' = 2.527; H'max = 2.995). Of the 65 recorded species, 59 were found in Site 1 and 56 in Site 2. The two Sites had 50 species in common, while nine species were only found at Site 1 and six were only found at Site 2. Sorensen (S = 0.869) and Jaccard (J = 0.769) similarity indices show the two Sites are fairly similar in terms of mammal diversity. The major difference in presence/absence of species can be found among Chiroptera; of the 15 species not common to both sites, 10 are bats. Twenty-nine threatened species were encountered – 44.6% of the total number of species documented. Two species, *Sturnira nana* and *Thomasomys* sp., represent new country records for Ecuador.

Threats
The most direct threats to biodiversity conservation in the area are: (i) expansion of agriculture and ranching, (ii) logging, (iii) large and small scale mining, (iv) introduction of diseases to the site and (v) the effects of climate change.

CONSERVATION RECOMMENDATIONS

The recommendations are divided into general and specific recommendations. The general recommendations are those suggested by the majority of RAP scientists involved in this survey, while the specific recommendations refer to particular needs related to each taxonomic group.

General Recommendations:

- Given that the Nangaritza Tepuis are protected by the Association of Shuar Tayunts and the San Miguel de las Orquídeas Association of Independent Workers, we recommend collaboration between these groups to ensure conservation of the area, its diversity, and direct (ecosystem services such as freshwater) and potential benefits (ecotourism) from which the surrounding communities benefit. As an integral part of this process, zoning of the area should be completed and land titles provided to the Association of Shuar Tayunts and the San Miguel de las Orquídeas Association of Independent Workers. Simultaneously, it is necessary to clearly delimit the protected area, including distinctions of zones for scientific use, ecotourism and areas that are completely off-limits. Sanctions for trespassing within unauthorized zones should be established and enforced.

- The Ministry of the Environment of Ecuador, through the Socio Bosque Program, provides economic incentives to individual and community land owners (with legal titles) who decide to voluntarily preserve native forests on their land. Local populations should consider the possibility of participating in this program and in this way obtain resources that can be used for activities which would benefit the whole community and promote conservation of their forests. Also, conservation of neighboring ecosystems would maintain forest connectivity which is necessary for the survival of long-lived species. Connectivity could also be promoted through reforestation projects that could be financed through carbon capture programs.

- In order to avoid impacts from small scale mining, local communities should investigate, design, and develop viable alternatives to this practice. For example, it will be necessary to establish whether or not tourism is a viable economic activity for the local populations. Other possible sources of income that would promote conservation include the Socio Bosque Program and reforestation, mediated by carbon sequestration programs.

- If the government of Ecuador decides to allow large scale industrial mining, the community should demand environmental impact studies and mitigation plans that include high level interdisciplinary (i.e., biological, physio-chemical, geographical, geological) analyses, that would help to develop concrete strategies to minimize the impact of mining on endemic and/or threatened species, and that guarantee the persistence of biological diversity and the ecosystem services provided by the forest (e.g., freshwater). An efficient and independent monitoring system should also be implemented to oversee mining activities.

- The Association of Shuar Tayunts and the San Miguel de las Orquídeas Association of Independent Workers should be trained and continue to be involved in monitoring biodiversity in the tepuis.

- Creation of a National Park that includes the Cordilleras de Cóndor and Cutucú should be considered. This Park would secure conservation of one of the most biologically and culturally diverse regions in South America.

- The biodiversity of the Nangaritza tepuis is still not completely known. For this reason, we recommend further scientific studies in the area.

Specific Recommendations:

Flora

- Silviculture, a way in which locals make use of forest products to fulfill their daily needs, can be practiced in areas that have already been altered by humans, utilizing the following woody species: *Humiriastrum baslamifera, H. mapieriense, Podocarpus tepuiensis, Pagamea dudleyi,* and *Dacryodes* sp. Communities can also cultivate forest species with high nutrition value, native fruits such as Chamburo (*Jacaratia digitata*), Yarazo (*Pouteria caimito*), Membrillo (*Eugenia stipitata*) and Apai (*Grias peruviana*), and medicinal plants like Cascarillas (*Cinchona* spp.) and Santa Maria (*Piper umbellatum*), among others.

- We also recommend implementing reforestation programs using fast growing native species like Balsa (*Ochroma pyramidale*), Tunashi (*Piptocoma discolor*) and Sannon (*Hyeronima asperifolia*) in disturbed areas. In addition, communities should consider creating forest corridors to connect the currently isolated tepuis. Reforestation and forest conservation have the potential to be alternative sources of income for local populations through programs for carbon sequestration and maintenance of carbon stocks.

Ants

- Wet forests with average elevations of 1,200 m, like those sampled in this RAP survey, generally have lower diversity than lowland forests and often have different species composition. Because there is high potential for endemism in the tepuis, these forests should be protected.

- The peak of the tepui at Site 2, with its unique paramo vegetation, and those of the other tepuis in the Nangaritza region, are likely home to unique and endemic ant species. Further studies of ant fauna should be conducted in this region with the goal of documenting diversity and species composition on the tops of the tepuis.

Katydids and Stick Insects

- With few exceptions, members of the Neotropical subfamily Pseudophyllinae are restricted to pristine wet forests. They can rarely be found in secondary forest, and are even less likely to be found in deforested habitat or pasture. For this reason, conservation of the remaining forest is fundamental to the survival of these species.

- The Cordillera del Cóndor, with the majority of its diversity yet to be discovered, is of particular interest to biologists and could serve to capture the interest of biology students. Katydids and Phasmids are particularly useful models for studying various biological phenomena such as the evolution of perfect camouflage.

Amphibians and Reptiles

- In order to maintain healthy populations of amphibians and reptiles in the tepuis, forest conservation is essential. The rivers and streams should be bordered by native vegetation and free of contaminants. To ensure this, mining, agriculture and ranching should be avoided in these areas.

- At Site 1, the glass frog Nymphagus chancas was recorded for the first time in Ecuador. This species was previously known only from one locality in northeastern Peru (Abra Tangarana). The presence of *Nymphagus chancas* as well as at least two new species of amphibians (*Pristimantis minimus, Nymphargus* sp.), one reptile (*Enyalioides rubrigularis*) and endemic species such as Oreobates simmonsi and Bothrocophias microphthalmus, justify long term protection of this site.

- At Site 2, the discovery of a population of harlequin frogs (*Atelopus* aff. *palmatus*) with apparently healthy tadpoles and adults makes it necessary to take immediate measures to protect this population. Among possible measures, the most important are:

  o Restrict access of humans (locals and tourists) and non-native animal species to the site in order to reduce the probability of introducing disease (e.g., chytrid fungus) which could be lethal for harlequin frogs as well as other amphibian species.

  o Implement a research program to establish the status and viability of this population.

  o Conduct surveys in nearby areas to establish whether other additional populations of this species (or others) of *Atelopus* exist.

- Appropriate conservation measures should be taken at Site 2 as in Site 1 (forest preservation, environmental education, watershed protection, limiting access, prohibit agriculture, mining and ranching) in order to ensure conservation of new species discovered during this RAP survey (*Bolitoglossa* sp., *Dendrobates* sp., *Nymphargus sp., Pristimantis minimus*).

Birds

- The majority of endemic bird species in the Cordillera del Cóndor, many of which are considered threatened or near-threatened with extinction, are confined to the upper parts of the tepuis, including the endangered (*Heliangelus regalis*). Without actually quantifying populations of bird species in the area, it appears that protection of the tepuis represents a valid long-term conservation strategy, suggesting that every effort should be taken to protect these forests. Nevertheless, it is important to conduct further censuses specifically within distinct forest types in order to determine species' habitat preferences and evaluate the effectiveness of limiting conservation status to only the upper reaches of the tepuis.

- In the lower part of the study area, corresponding to the Pre-montane Forest, selective logging appears to be intense. This could have grave consequences for *Wetmorethraupis sterrhopteron* (Vulnerable at the global scale) which is restricted to lower elevations and is not found higher up on the tepuis. This particular population of this species, endemic to the Cordillera del Cóndor, could be very important to the survival of the species overall.

- The development of avitourism in the area has begun through an initiative motivated by the presence of *W. sterrhopteron*. This type of ecotourism has the potential to succeed and could provide significant support for conservation in the Nangaritza tepuis. The possibility of easily observing globally threatened, Cordillera del Cóndor endemic, and generally rare bird species (e.g., *Heliangelus regalis, Hemitriccus cinnamomeipectus, Myiophobus roraimae, Oxyruncus cristatus, Henicorhina leucoptera, Wetmorethraupis sterrhopteron*) improves the value of, and potential for avitourism in the Nagaritza tepuis. Nevertheless, it is fundamental to develop zoning to create areas that can be used for tourism and those that are off-limits, to build capacity for ecotourism within the Las Orquídeas community, and to implement well evaluated, environmentally responsibly and sustainable practices.

Mammals

Because bats, rodents and marsupials are often misunderstood and underappreciated animals, local people typically kill these small mammals when they are encountered. For this reason, it is important to establish an environmental education program that emphasizes the importance of these animals to ecological forest processes (seed dispersal, pollination, pest control) and to clarify that these animals do not represent a risk to human beings.

BIBLIOGRAPHY

Becking, M., 2004. Sistema Microregional de Conservación Podocarpus. Tejiendo (micro) corredores de conservación hacia la cogestión de una reserva de Biosfera Cóndor-Podocarpus. Programa Podocarpus. Loja, Ecuador.

Coloma-Santos, A. Parque El Cóndor. 2007. *In:* ECOLAP y MAE: Guía del Patrimonio de Áreas Naturales Protegidas del Ecuador. ECOFUND, FAN, DarwinNet, IGM. Quito, Ecuador.

Duellman, W. E., and J. E. Simmons. 1988. Two new species of dendrobatid frogs, genus *Colostethus*, from the Cordillera del Cóndor, Ecuador. *Proceedings of the Academy of Natural Science of Philadelphia*, 140: 115–124.

Greenfield, P., O. Rodríguez, B. Krohnke, and I. Campbell. 2006. Estrategia Nacional para el Manejo y Desarrollo Sostenible del Aviturismo en Ecuador. Ministerio de Turismo, Corpei y Mindo Cloudforest Foundation. Quito.

La Marca, E., Lötters, S., Puschendorf, R., Ibáñez, R., Rueda-Almonacid, J. V., Schulte, R., Marty, C., Castro, F., Manzanilla-Puppo, J., García-Pérez, J. E., Bolaños, F., Chaves, G., Pounds, J. A., Toral, E., and Young, B. E. 2005. Catastrophic population declines and extinctions in neotropical harlequin frogs (Bufonidae: *Atelopus*). *Biotropica*, 37: 190–201.

Lips K. R., F. Brem, R. Brenes, J. D. Reeve, R. A. Alford, J. Voyles, C. Carey, L. Livo, A. P. Pessier, and J. P. Collins. 2006. Emerging infectious disease and the loss of biodiversity in a Neotropical amphibian community. *PNAS*, 103: 3165–3170.

Myers, N., R. A. Mittermeier, C. G. Mittermeier, G. A. B. da Fonseca, and J. Kent. 2000. Biodiversity hotspots for conservation priorities. *Nature*, 403: 853–858.

Neill, D. A. 2007. Botanical Inventory of the Cordillera del Condor Region of Ecuador and Peru. *Project Activities and Findings*, 2004–2007.

Ron, S., J. M. Guayasamin, L. A. Coloma and P. A. Menéndez-Guerrero. En prensa. Biodiversity and Conservation Status of Amphibians in Ecuador. In: Status of conservation and decline of Amphibians: Western Hemisphere. Volume 9 in Amphibian Biology. (H. Heatwole, C. Barrio-Amoros and J. Wilkinson Eds.) Surrey Beatty & Sons Pty. Ltd. Australia.

Sekerçioglu, C. H. 2002. Impacts of birdwatching on human and avian communities. *Environmental Conservation*, 29: 282–289.

Torres-Carvajal, O., K. de Queiroz and R. Etheridge. 2009. A new species of iguanid lizard (Hoplocercinae, *Enyalioides*) from southern Ecuador with a key to eastern Ecuadorian *Enyalioides. Zookeys*, 27: 59–71.

Wake, D. B. and V. T. Vredenburg. 2008. Are we in the midst of the sixth mass extinction? A view from the world of amphibians. *PNAS*, 105: 11466–73.

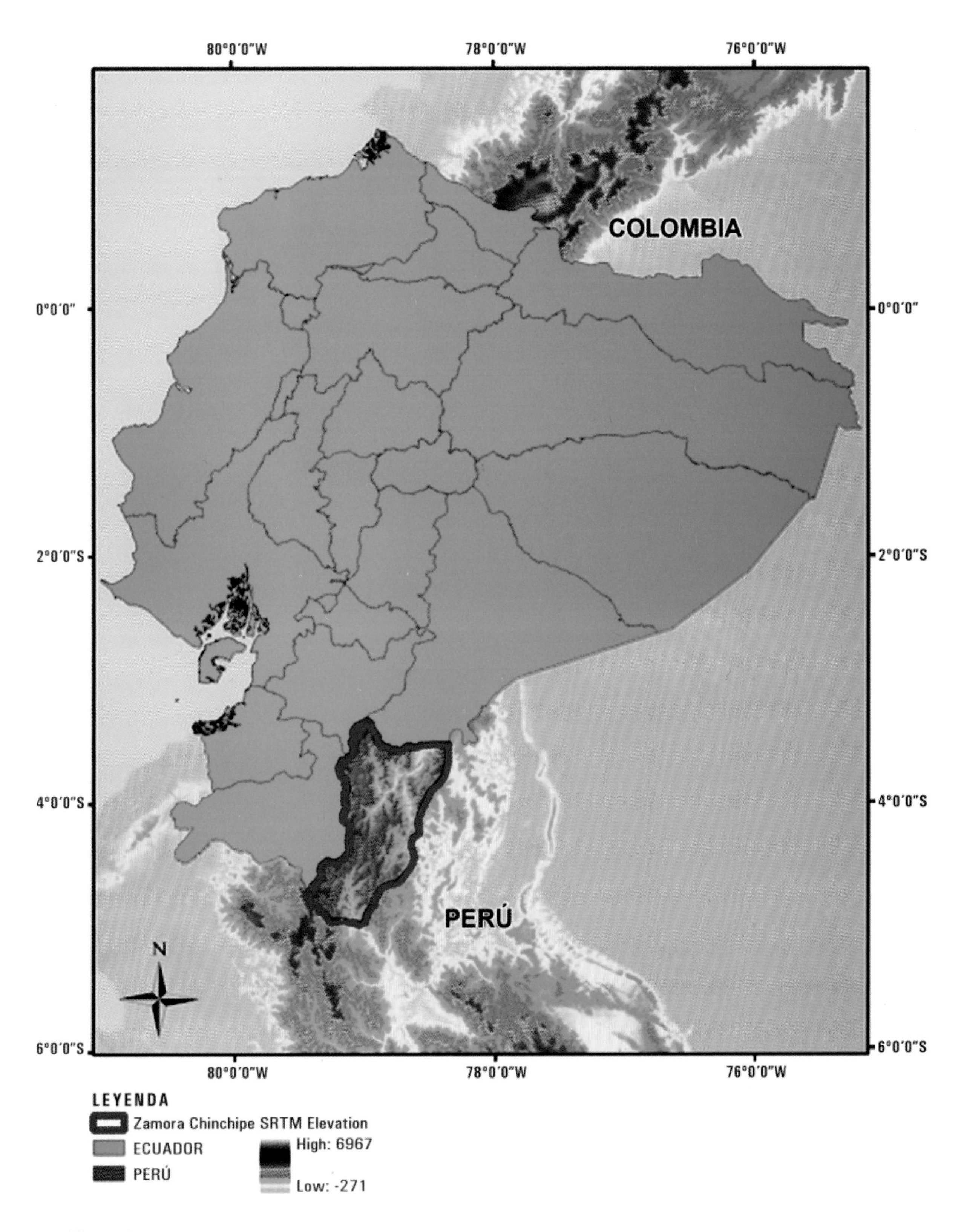

Figura 1.

Ubicación de los Tepuyes de la Cuenca Alta de Río Nangaritza, Cordillera del Cóndor, Zamora Chinchipe, Ecuador.

Ubicación del sitio 1 de muestreo (Tepuy 1-Miazi Alto)

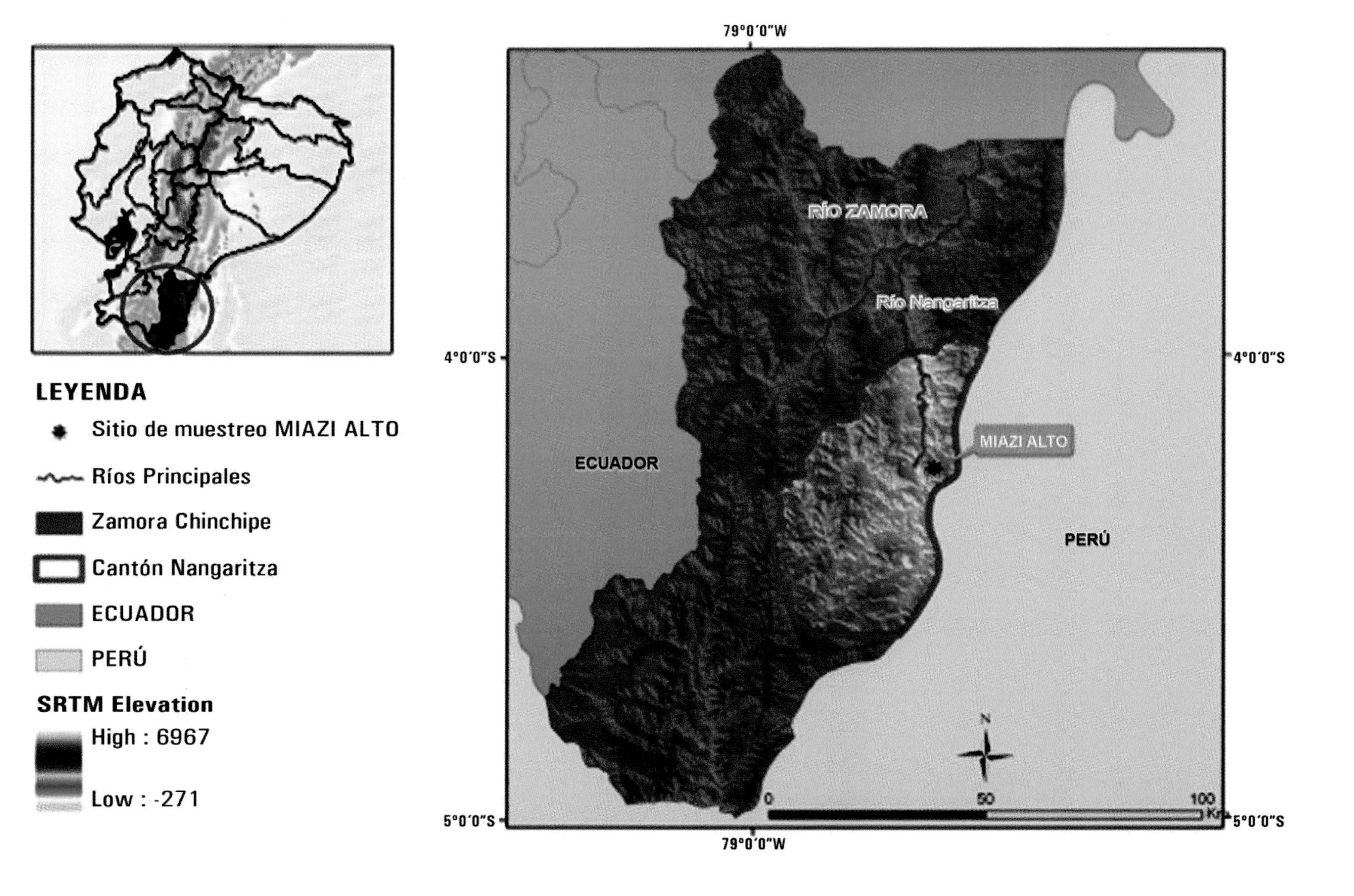

Ubicación del sitio 2 de muestreo (Tepuy 2)

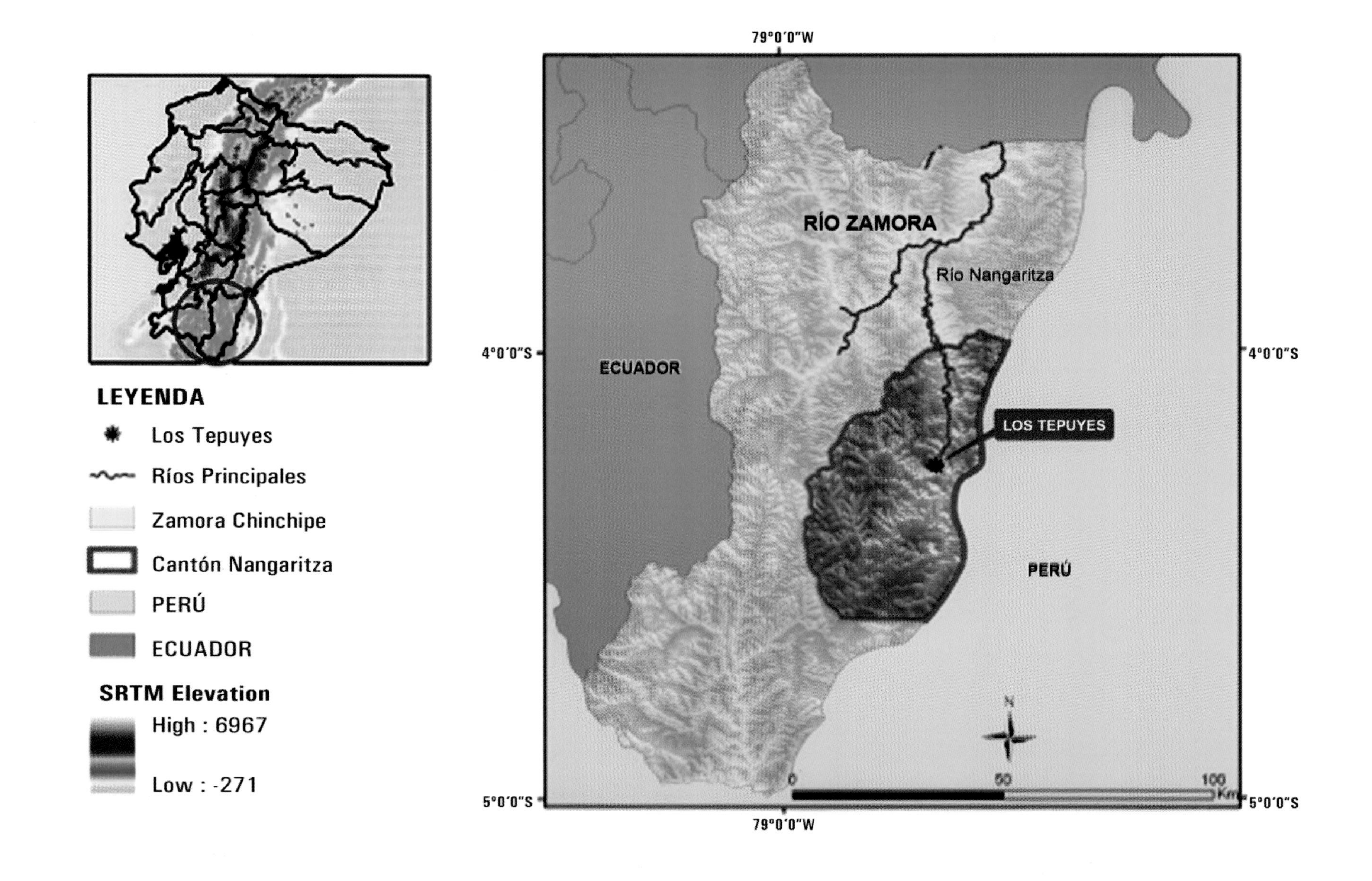

Tepuyes de la Cuenca Alta de Río Nangaritza

Foto: Peter Hoke

Vista general del primer sitio de muestreo (Tepuy 1-Miazi Alto)

Foto: Oswaldo Jadán

Río Nangaritza

Foto: Jessica Deichmann

Hábitat arbóreo

Foto: Oswaldo Jadán

Hábitat arbustivo

Foto: Oswaldo Jadán

Hábitat herbáceo

Foto: Juan Freile

Dacryodes sp.

Foto: Oswaldo Jadán

Cinchona sp.

Foto: Oswaldo Jadán

Humiriastrum mapiriense

Foto: Oswaldo Jadán

Masdevallia mendozae

Foto: Oswaldo Jadán

Diacanthodis formidabilis

Foto: Holger Braun

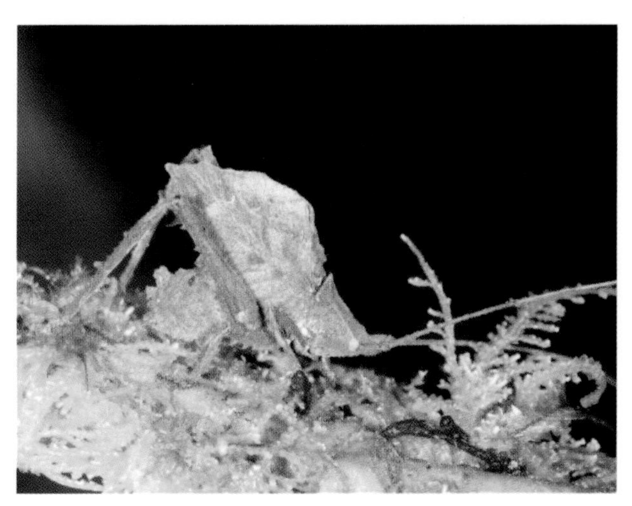

Typophyllum sp.

Foto: Holger Braun

Myopophyllum sp.

Foto: Holger Braun

Mystron sp.

Foto: Holger Braun

Dendrobates sp.

Foto: Jessica Deichmann

Pristimantis minimus

Foto: Luis A. Coloma

Atelopus aff. *palmatus*

Foto: Jessica Deichmann

Bolitoglossa sp.

Foto: Jessica Deichmann

Enyalioides rubrigularis

Foto: Holger Braun

Colaptes rubiginosus

Foto: Galo Buitrón

Sturnira lilium

Foto: Carlos Boada

Vampyressa thyone

Foto: Carlos Boada

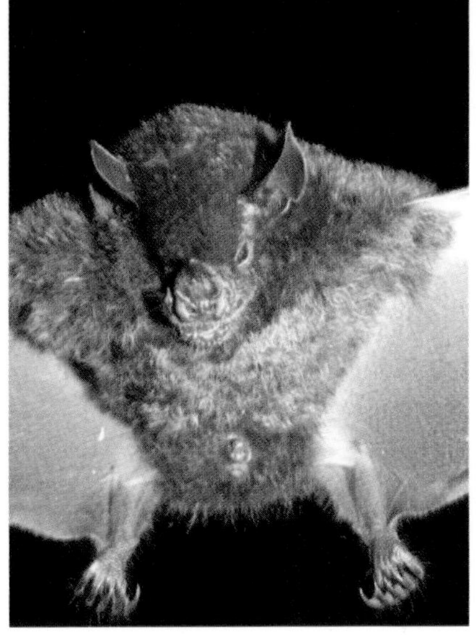

Sturnira nana

Foto: Carlos Boada

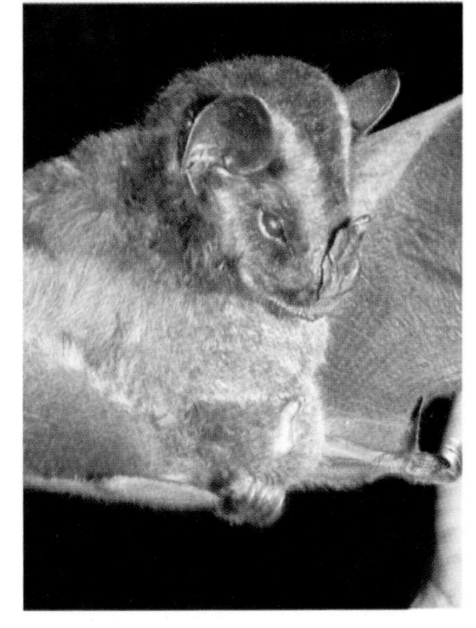

Platyrrinus nigellus

Foto: Carlos Boada

Grupo de investigadores y participantes de la Evaluación Ecológica Rápida de la Biodiversidad de los Tepuyes de la Cuenca Alta del Río Nangaritza.

Foto: Leeanne Alonso

Grupo de investigadores y participantes de la Evaluación Ecológica Rápida de la Biodiversidad de los Tepuyes de la Cuenca Alta del Río Nangaritza.

Foto: Leeanne Alonso

Silvia Aldás y Jessica Deichmann (Investigadoras herpetología)

Foto: Leeanne Alonso

Leeanne Alonso (Investigadora hormigas)

Foto: Jessica Deichmann

Campamento de trabajo de campo

Foto: Carlos Boada

Capítulo 1

Descripción general de los Tepuyes de la Cuenca Alta del Río Nangaritza, Cordillera del Cóndor

Oswaldo Jadán y Zhofre Aguirre Mendoza

RESUMEN

Este estudio se realizó en el Área de Conservación Los Tepuyes, que forma parte del Área de Conservación Colono – Shuar Los Tepuyes de Nangaritza, ubicada en la Cordillera del Cóndor, Cantón Nangaritza, Provincia de Zamora Chinchipe, Ecuador (Fig. 1). La zona de Los Tepuyes tiene un área de 4.232 hectáreas y está administrada por la Asociación de Centros Shuar Tayunts y la Asociación de Trabajadores Autónomos San Miguel de las Orquídeas. El nombre de Tepuy, con el que generalmente se identifica a las montañas de esta zona, no es equivalente a los verdaderos tepuyes de Venezuela, formaciones geológicamente más antiguas que las del Ecuador.

El área de Los Tepuyes se encuentra en una zona de un clima subtropical muy húmedo. La pluviosidad anual varía entre 2.000 a 3.000 milímetros al año. La temperatura promedio es de 20–22° C, en un rango altitudinal entre los 950 y 1850 m. Los suelos de los tepuyes son extremadamente pobres y están compuestos, principalmente, por areniscas de grano medio a grueso y muy ricos en sílice. Los bosques que se encuentran en el tope de estas formaciones suelen ser chaparros, justamente como una adaptación a la escasa cantidad de nutrientes de los suelos.

En base a los trabajos de Aguirre (2008), Sierra *et al.* (1999), Becking (2004) y los resultados del presente RAP, las formaciones características que se han encontrado en la zona de estudio son las siguientes:

Bosque Denso Piemontano

Formación vegetal dominada por elementos arbóreos. La altura del dosel es de al menos 5 metros de altura, alcanzando hasta 25 m. Presenta un porcentaje de cobertura continua, de por lo menos el 80% de la superficie. En este tipo de bosque, aproximadamente el 90% de las especies arbóreas tienen hojas anchas. Frecuentemente, en estos bosques se encuentran tres estratos bien definidos (dosel superior, subdosel y arbustivo). El adjetivo de denso se refiere a la dominancia de vegetación arbórea. Este tipo de formación suele desarrollarse entre los 600 hasta los 1600 m, en la transición entre la vegetación de tierras bajas y las de cordillera, por esta razón presentan elementos típicos de las dos floras. Las especies más características son: *Clarisia racemosa, Ficus* sp., *Dacryodes cupularis, Guarea kunthiana, Graffenrieda emarginata, Humiria balsamifera, Miconia punctata, Nectandra* sp., *Weinmannia latifolia* y *Wettinia maynensis.*

Bosque Denso Montano Bajo

Esta formación vegetal se ubica sobre la faja piemontana en un rango altitudinal de 1500–2000 m en el sur de las estribaciones orientales de los Andes. Está dominada por elementos arbóreos de fustes y ramas muy bifurcadas y retorcidas. Típicamente, los árboles alcanzan alturas de hasta 12 m y el dosel presenta un porcentaje de cobertura continua de por lo menos el 90%. En estos bosques no se diferencian claramente los tres estratos, siendo notorio el dominio del estrato arbóreo. El adjetivo de denso se refiere a la dominancia de vegetación arbórea. Todos los árboles están cubiertos de epífitas vasculares y muscinales. Las especies características de esta formación son: *Alchornea grandiflora, Alchornea pearcei, Faramea coerulensis, Hortia brasiliensis, Humiriastrum mapiriense, Meriania ferruginea, Pagamea dudleyi, Podocarpus tepuiensis, Schefflera* sp. y *Tovomita weddelliana.*

Bosque Chaparro

Esta es una formación vegetal muy particular compuesta por las mismas especies de los bosques montanos o piemontanos, pero se caracteriza por su poco crecimiento o crecimiento reptante debido a las condiciones ambientales desfavorables en las que se encuentran (ej. bajas temperaturas, fuertes vientos, mal drenaje, escasa profundidad del suelo, escasos nutrientes, pendientes pronunciadas, alta pedregosidad). Los árboles adultos tienen una altura entre 2–8 m y son muy bifurcados, retorcidos y con abundancia de epífitas y hemiepífitas. Las especies características del bosque chaparro son: *Bejaria aestuans, Cavendishia bracteata, Cinchona* sp., *Clusia* spp., *Graffenrieda harlinguii, Miconia lutescens, Myrsine andina, Macrocarpea* spp., *Prunus opaca, Podocarpus oleifolius, Tapirira guianensis, Ternstroemia circumscissilis* y *Weinmannia elliptica.*

Páramo Arbustivo Atípico

Este tipo de vegetación normalmente se encuentra a elevaciones de 1700–2000 m, en las cimas o crestas de montaña. Es una formación vegetal altoandina semigraminoidea, con pocas plantas en penacho y arbustos típicamente andinos. Esta clase de vegetación es muy particular porque crece en condiciones que son atípicas para la presencia de vegetación de páramos; no es el resultado de intervenciones antrópicas, sino de la interacción de factores como fuerte viento, suelos poco profundos y pendientes de terreno muy irregulares. Las especies características del páramo arbustivo atípico son: *Bejaria aestuans, Blechnum loxense, Cavendishia bracteata, Macleania* sp., *Miconia* spp., *Meriania sanguinea, Macrocarpaea harlingii, Paepalanthus ensifolius, Persea weberbaueri, Podocarpus oleifolius, Tillandsia* sp. y *Weinmannia glabra.*

BIBLIOGRAFÍA

Aguirre, Z., 2008. Biodiversidad Ecuatoriana. Documento guía de Clases. Universidad Nacional de Loja, Loja, Ecuador.

Becking, M., 2004. Sistema Microregional de Conservación Podocarpus. Tejiendo (micro) corredores de conservación hacia la cogestión de una Reserva de Biosfera Cóndor-Podocarpus. Programa Podocarpus. Loja, Ecuador.

Sierra, R., Cerón C., Palacios W. & Valencia R. 1999. Propuesta preliminar de un sistema de clasificación de vegetación para el Ecuador Continental. Proyecto INEFAN/GEF-BIRF y ECOCIENCIA, Quito, Ecuador.

Capítulo 2

Flora de los Tepuyes de la Cuenca Alta del Río Nangaritza, Cordillera del Cóndor

Oswaldo Jadán y Zhofre Aguirre Mendoza

RESUMEN

El análisis florístico en el Sitio 1 (1200–1400 msnm) registra 49 familias y 162 especies, de las cuales el 47% son elementos arbóreos, 34% arbustos y 19% elementos herbáceos. Se recolectaron 58 especies fértiles, posiblemente dos sean nuevas: *Cinchona* sp.1 (Rubiaceae) y *Dacryodes* sp. (Burseraceae). En el segundo sitio se registraron 68 familias y 159 especies de las cuales el 38% son árboles, 40% arbustos y 22% hierbas. Además, se recolectaron 75 especies donde sobresale *Cinchona* sp. 2, como posible especie nueva. Según los índices de similitud de Sorensen y Jaccard, se deduce que los dos sitios muestreados son poco parecidos florísticamente. Se registraron géneros y especies como *Pagamea, Phainantha, Humiriastrum, Podocarpus tepuiensis* que son consideradas de gran importancia biogeográfica ya que también están presentes en el escudo Guayanés en Venezuela, Mapiri en Bolivia, o en las vertientes orientales de Los Andes. Considerando la extraordinaria diversidad florística obtenida en la presente investigación, se recomiendan una serie de acciones concretas para garantizar la conservación de tan valiosos ecosistemas.

ABSTRACT

The floristic analysis of Site 1 (1200–1400 masl) produced 49 families and 162 species, 47% of which are trees, 34% are shrubs, and 19% are grasses. A total of 58 fertile species were collected, with two probable new species: *Cinchona* sp.1 (Rubiaceae) and *Dacryodes* sp. (Burseraceae). At Site 2, 68 families and 159 species were registered. Shrubs represented 40% of the diversity, whereas trees and grasses had a prevalence of 38% and 22%, respectively. Seventy-five fertile species were collected, with one of them (*Cinchona* sp. 2) being a potential new species. The Sorensen and Jaccard indexes show that the two sites are floristically different. Among the interesting findings, we recorded *Pagamea, Phainantha, Humiriastrum, Podocarpus tepuiensis,* and taxa with biogeographic relevance since they are also present in the Guiana Shield in Venezuela, Mapiri in Bolivia, or on the eastern slopes of the Andes. Considering the extraordinary floristic richness of the area, we recommend a series of actions to guaranty its conservation.

INTRODUCCIÓN

En la actualidad, el Ecuador posee 17058 especies de plantas vasculares reconocidas (Ulloa y Neill 2005), ocupando el séptimo lugar entre los países con más especies vegetales por unidad de superficie en el mundo (Vargas 2002). La flora de los tepuyes en la Cordillera del Cóndor tiene gran importancia biológica y para la conservación por su gran diversidad, endemismo y rareza de especies, lo que ha hecho que numerosos investigadores consideren que este sitio posiblemente posee "una flora más rica que la de cualquier otra área de similar tamaño en el

Neotrópico" y que también es probable que tenga la concentración más alta del mundo de especies aún no descritas por la Ciencia Botánica (Neill 2007). Como ejemplos de esta fabulosa diversidad, se han descrito numerosas especies en las últimas dos décadas (Clemants 1991, Rogers 2002a, 2002b, Neill 2005, 2007, Ulloa y Neill 2006).

Geológicamente, la zona estudiada de la Cordillera del Cóndor está compuesta por las mesetas de areniscas de la Formación Hollín, cubiertas por bosques achaparrados, matorrales e inclusive un páramo sobre el Cerro Plateado. En estas áreas existen algunos géneros que son endémicos en el Escudo Guayanés de Venezuela, así como registros de especies de otras regiones biogeográficas (ej., Andes del sur, Andes del norte). Algunas de las especies de la Cordillera del Cóndor tienen distribuciones disyuntas, es decir, sus poblaciones están muy separadas geográficamente, por lo que es considerada un área de gran importancia biogeográfica.

Estos argumentos impulsan la necesidad de conocer a mayor profundidad la diversidad florística existente en los diferentes biotipos, para lo cual se trabajó en dos sitios de la Cordillera del Cóndor, denominados tepuyes, aledaños a la comunidad de San Miguel de Las Orquídeas. Adicionalmente, mediante un análisis cuantitativo, se estima la semejanza biológica de los lugares muestreados. Finalmente, se propone alternativas de conservación para estos sitios de extraordinaria riqueza biológica.

MÉTODOS Y ÁREAS DE ESTUDIO

Descripción de las áreas de estudio.

En base a los trabajos de Aguirre (2008), Sierra *et al.* (1999), Becking (2004) y los resultados del presente RAP, las formaciones características que se han encontrado en la zona de estudio son las siguientes:

Bosque Denso Piemontano

Formación vegetal dominada por elementos arbóreos. La altura del dosel es de al menos 5 metros, alcanzando hasta 25 m.

Presenta un porcentaje de cobertura contínua, cubriendo por lo menos el 80% de la superficie. En este tipo de bosque, aproximadamente el 90% de las especies arbóreas tienen hojas anchas. Frecuentemente, en estos bosques se encuentran tres estratos bien definidos (dosel superior, subdosel y arbustivo). El adjetivo de denso se refiere a la dominancia de vegetación arbórea. Este tipo de formación suele desarrollarse entre los 600 hasta los 1600 m, en la transición entre la vegetación de tierras bajas y las de cordillera, por esta razón presentan elementos típicos de las dos floras. Según los resultados generales en el RAP realizado en el sector de San Miguel de las Orquídeas, Provincia de Zamora Chinchipe, las especies más características son: *Clarisia racemosa, Ficus* sp., *Dacryodes cupularis, Guarea* sp., *Graffenrieda emarginata, Humiriastrum digense, Miconia punctata, Nectandra cissiflora, Weinmannia elliptica* y *Wettinia maynensis.*

Bosque Denso Montano Bajo

Esta formación vegetal se encuentra sobre la faja piemontana en un rango altitudinal de 1500–2000 m en el sur de las estribaciones orientales de los Andes. Está dominada por elementos arbóreos de fustes y ramas muy bifurcadas y retorcidas. Típicamente, los árboles alcanzan alturas de hasta 12 m y el dosel presenta un porcentaje de cobertura contínua de por lo menos el 90%. En estos bosques no se diferencian claramente los tres estratos, siendo notorio el dominio del estrato arbóreo. El adjetivo de denso se refiere a la dominancia de vegetación arbórea. Todos los árboles están cubiertos de epífitas vasculares y muscinales. Según los resultados generales obtenidos en el presente RAP, las especies características de esta formación son: *Alchornea grandiflora, Alchornea pearcei, Faramea coerulensis, Hortia brasiliensis, Humiriastrum mapiriense, Meriania ferruginea, Pagamea dudleyi, Podocarpus tepuiensis, Schefflera* sp., y *Tovomita weddelliana.*

Bosque Chaparro

Esta es una formación vegetal muy particular compuesta por las mismas especies de los bosques montanos o piemontanos, pero se caracteriza por su poco crecimiento o crecimiento reptante por las condiciones ambientales desfavorables en las que se encuentran (ej. bajas temperaturas, fuertes vientos, mal drenaje, escasa profundidad del suelo, escasos nutrientes, pendientes pronunciadas, alta pedregosidad). Los árboles adultos tienen una altura entre 2–8 m y son muy bifurcados, retorcidos y con abundancia de epífitas y hemiepífitas. Las especies características del bosque chaparro son: *Bejaria aestuans, Cavendishia bracteata, Cinchona* sp., *Clusia* spp., *Graffenrieda harlingii, Miconia lutescens, Myrsine andina, Macrocarpea* spp., *Prunus opaca, Podocarpus oleifolius, Tapirira guianensis, Ternstroemia circumscissilis* y *Weinmannia elliptica.*

Páramo Arbustivo Atípico

Este tipo de vegetación normalmente se encuentra a elevaciones de 1700–2000 m, en las cimas o crestas de montaña. Es una formación vegetal altoandina semi-graminoidea, con pocas plantas en penacho y arbustos típicamente andinos. Este tipo de vegetación es muy particular porque ocurre en condiciones que son atípicas para la presencia de vegetación de páramos. No es el resultado de intervenciones antrópicas, sino de la interacción de factores como fuerte viento, suelos poco profundos y pendientes de terreno muy irregulares. Sus especies características son: *Bejaria aestuans, Blechnum loxense Cavendishia bracteata, Macleania* sp., *Miconia* spp., *Meriania sanguinea, Macrocarpaea harlingii, Paepalanthus ensifolius, Persea weberbaueri, Podocarpus oleifolius, Tillandsia* sp. y *Weinmannia glabra*

MÉTODOS

El estudio se realizó en los Tepuyes de la Cordillera del Cóndor, área aledaña a la comunidad de San Miguel de las

Orquídeas. Luego de recorrer y verificar *in situ* los diferentes tipos de bosques, se establecieron parcelas temporales en los dos sitios. También se realizaron recolecciones al azar de ejemplares fértiles (con flores o frutos).

En el Tepuy 1, ubicado al margen oriental del río Nangaritza, se instalaron al azar seis parcelas de 400 m^2 en los diferentes tipos de cobertura vegetal, 12 parcelas de 25 m^2 para los arbustos y 12 de 1 m^2 para las hierbas. Estas unidades de muestreo se instalaron en altitudes que van desde 1200 a 1400 msnm. Los objetivos principales relacionados a las parcelas eran: realizar un análisis cuantitativo y determinar parámetros ecológicos de la vegetación, e inventariar los biotipos arbóreos. Los parámetros ecológicos que se calcularon en el estrato arbóreo son: densidad absoluta (ind/ha); densidad o abundancia relativa (DR%); dominancia relativa (DoR%), índice de valor de importancia (IVI%) y riqueza o diversidad relativa (DIR%). En el estrato arbustivo y herbáceo se calcularon los siguientes parámetros: densidad absoluta (ind/ha), densidad relativa (DR%), frecuencia relativa (FR%) y riqueza o diversidad relativa (DIR%). Las muestras recolectadas se depositaron en el Herbario Reinaldo Espinosa de la Universidad Nacional de Loja (Herbario LOJA).

Análisis de la información:

Los parámetros ecológicos que se calcularon en los tres estratos (Aguirre y Aguirre 1999); Melo y Vargas 2003) son los siguientes:

Densidad, la cual significa el número de individuos presentes en un área muestreada. Se la expresa generalmente en individuos por hectárea, cuya fórmula de cálculo es la siguiente:

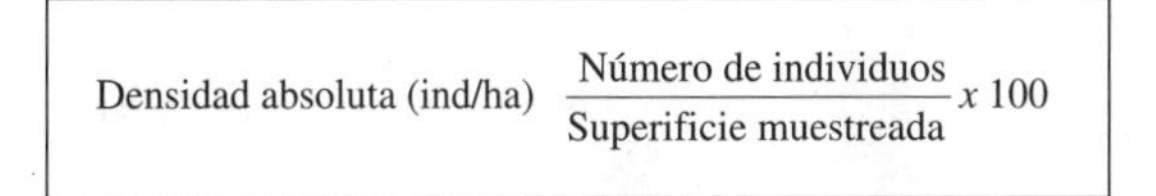

Densidad o abundancia relativa, que es la proporción de los individuos de cada especie en el total de los individuos del ecosistema boscoso. Su fórmula de cálculo es:

$$\text{Densidad relativa} \quad \frac{\text{Número de individuos por especie}}{\text{Número total de individuos}} x\ 100$$

Dominancia definida como el porcentaje de biomasa que aporta una especie expresada en ecosistemas boscosos por su área basal (G). Su fórmula es la siguiente:

$$\text{Área basal (G)} = 0.7854 * DAP^2$$

Dominancia relativa se calcula como la proporción de una especie en el área total evaluada, expresada en porcentaje.

$$\text{Dominancia relativa} \quad \frac{\text{Área basal ocupada por la especie}}{\text{Área basal ocupada por todas las especies}} x\ 100$$

La frecuencia se refiere a la existencia o falta de una determinada especie en una subparcela, la frecuencia absoluta se expresa en porcentaje (100% = existencia de la especie en todas las subparcelas), la frecuencia relativa de una especie se calcula como su porcentaje en la suma de las frecuencias absolutas de todas las especies. Sus fórmulas son las siguientes:

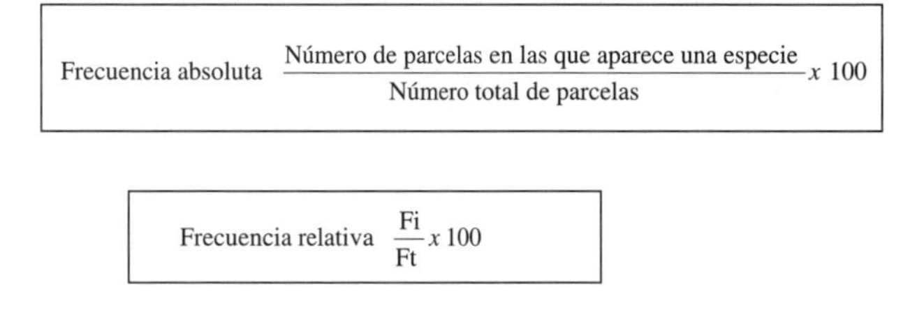

Donde:
Fi = Frecuencia absoluta de la iésima especie
Ft = Total de las frecuencias en el muestreo

El ***índice valor de importancia*** IVI, que indica que tan importante es una especie dentro de una comunidad o ecosistema. La especie que tiene el IVI más alto significa entre otras cosas que es dominante ecológicamente: que absorbe muchos nutrientes, que ocupa mayor espacio físico, que controla en porcentaje alto de energía que llega a este sistema. Para calcular este índice actualmente se utiliza la densidad o abundancia relativa (DR) y la dominancia relativa (DmR), cuya fórmula según Carlos Cerón (1993) citado por Aguirre y Aguirre (1999) es:

$$\text{Índice Valor de Importancia (IVI\%)} = DR + DmR$$

Riqueza y diversidad relativa. Está dada por la heterogeneidad de especies en una determinada área o comunidad biótica. Se interpreta como el número de especies diferentes que se puede encontrar en una determinada superficie. Se la determina con la siguiente fórmula:

$$\text{Diversidad relativa} \quad \frac{\text{Número de especies por familia}}{\text{Número total de especies}} x\ 100$$

El segundo sitio de muestreo (Tepuy 2), está ubicado en la vertiente occidental del río Nangaritza. La metodología fue igual a la descrita para el Tepuy 1. Las unidades de muestreo en el Tepuy 2 se instalaron en altitudes que van desde los 1600 a los 1850 msnm.

Además, en los dos sitios de investigación, se recolectaron al azar especímenes fértiles de todos los biotipos existentes (árboles, arbustos, hierbas, lianas, epífitas, parásitas) con sus respectivos duplicados para su futura identificación con las comparaciones a través de las colecciones existentes en los Herbarios LOJA, QCNE (Herbario Nacional del Ecuador) y ayuda de los especialistas en ciertos grupos o familias botánicas.

RESULTADOS

En el Tepuy 1 están presentes dos tipos de cobertura vegetal: Bosque Denso Piemontano y Bosque Chaparro. La diversidad florística en este sitio corresponde a vegetación típica y característica de la Amazonía de tierras bajas y pie de montaña donde sobresalen especies de árboles muy grandes tanto en altura como en diámetro. En el Bosque Chaparro son características las especies de transición de la parte amazónica y de los Andes. Cabe mencionar que en estos dos tipos de cobertura se evidenció la presencia de muchos briófitos (musgos). La hojarasca en el suelo alcanza los 40 cm de profundidad. En el Tepuy 1 se recolectaron 58 especímenes fértiles que están registrados en la colección del Herbario LOJA (Apéndice 1.1). Hasta el momento, se ha logrado identificar aproximadamente el 50% de los ejemplares recolectados, y se registran 162 especies que corresponden a 49 familias. El listado general de todas las especies se muestra en el Apéndice 1.2.

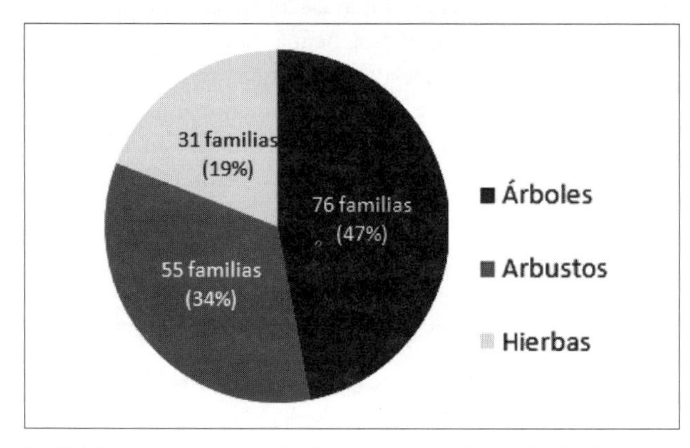

Fig. 2.1. Número y porcentaje de familias de los tres biotipos evaluados (árboles, arbustos, hierbas) presentes en el Tepuy 1.

Del total de las especies, 76 son árboles (mayores a 5 m de altura y 10 cm DAP, incluyendo palmas), 55 arbustos y 31 hierbas (Fig. 2.1). Dentro del estrato ***arbóreo*** se registró una densidad absoluta de 742 individuos por hectárea. Las familias con mayor porcentaje de diversidad relativa y número de especies son: Clusiaceae (10.5%, 8 especies), Melastomataceae (9.2%, 7 especies), Lauraceae (7.9%, 6 especies), Meliaceae y Euphorbiaceae (5.3%, 5 especies), las cuales se muestran en la Figura 2.2. Las cinco especies de mayor importancia ecológica son *Mabea nitida* (27.2%), *Dacryodes cupularis* (16.4%), *Ficus* sp. (12.1%), *Pourouma* cf. *bicolor* (9.4%) y *Pouteria torta* (8.4%). Los datos de todas las especies se muestran en el Apéndice 1.3.

El índice de diversidad de Shannon es de 0.59 y el de Simpson es 0.95.

En el estrato ***arbustivo*** se registraron 10.067 individuos por hectárea. Las familias con mayor porcentaje de diversidad relativa y número de especies son: Rubiaceae (29.1%, 16 especies); Melastomataceae (21.8%, 12 especies), Euphorbiaceae (5.5%, 3 especies), entre las más importantes que se muestran en la Figura 2.3. Las especies con mayor densidad relativa son: *Miconia punctata* (7.3%), *Miconia* sp 1. (7%), *Faramea uniflora* (4.3 %), *Tococa* sp. y *Psychotria poeppigiana* (3.6%). Los mayores porcentajes de frecuencia relativa corresponden a: *Miconia* sp1. (5.7%); *Tococa* sp. (4.3%); *Psychotria poeppigiana, Palicourea* sp., *Faramea quinqueflora, Faramea uniflora, Psychotria oinochrophylla, Miconia punctata, Amphidasya colombiana* y *Palicourea luteonivea.* con (2.9%). Los datos de todas las especies se muestran en el Apéndice 1.3. El índice de diversidad alfa en este estrato según Shannon es de 0.4 y Simpson 0.96.

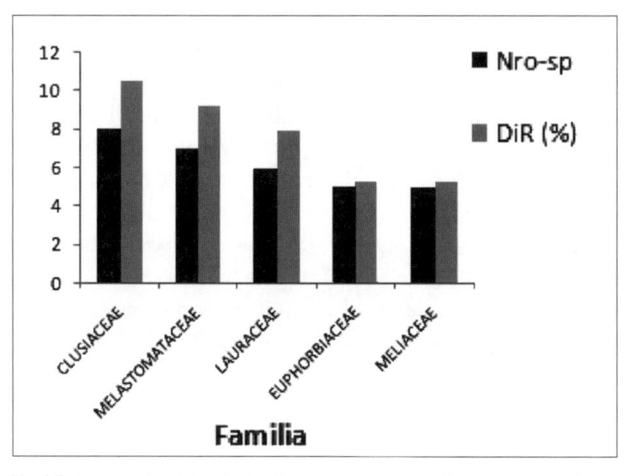

Fig. 2.2. Diversidad relativa (DiR) y número de especies por familia en el estrato arbóreo, Tepuy 1.

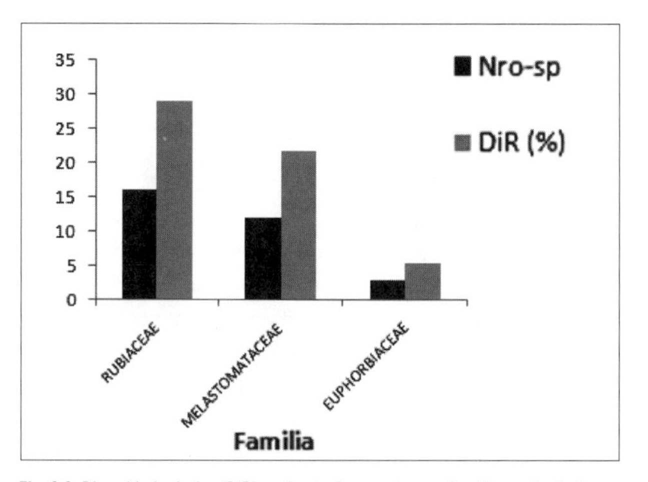

Fig. 2.3. Diversidad relativa (DiR) y número de especies por familia en el estrato arbustivo, Tepuy 1.

En el estrato *herbáceo* se registraron 112.500 individuos por hectárea. Las familias con mayor porcentaje de diversidad relativa y número de especies son: Araceae (25.8%, 8 especies), Bromeliaceae (19.4%, 6 especies), Dryopteridaceae y Piperaceae (12.9%, 4 especies) y Melastomataceae (9.7%, 3 especies) entre las más importantes, como se muestra en la Figura 2.4. Las especies *Guzmania* sp1. (10.4 %), *Tococa* sp. (9.6%), *Guzmania garciaensis* (6.7%) y *Anthurium oxybelinm* (5.2%) presentan los valores más altos de densidad relativa.

La mayor frecuencia relativa corresponden a: *Guzmania* sp.1 (7.5%), *Clidemia* sp., *Chevaliera veitchii, Anthurium aulestii, Guzmania garciaensis, Anthurium oxybeliunm, Anthurium scandens* y *Tococa* sp. con (5%). Los datos de todas las especies se muestran en el Apéndice 1.3. La diversidad alfa en este estrato según Shannon es de 0.27 y según Simpson 0.95.

En el segundo sitio de muestreo (Tepuy 2) se registraron especies que corresponden a dos tipos de cobertura vegetal: Bosque Denso Montano Bajo y Bosque Chaparro. En la parte alta de este sitio, a 1850 msnm, existe un ecosistema muy especial que es un tipo de páramo arbustivo, donde destacan especies características de los páramos del sur del Ecuador y también algunas de los bosques de tierras bajas y pie montano, pero con tamaños pequeños que se asemejan a la vegetación achaparrado del sur del Ecuador. En el Tepuy 2 se recolectaron 75 ejemplares fértiles que están depositadas en el Herbario LOJA (Ver apéndice 1.1). Por la rareza de las especies, se ha logrado identificar hasta la presente fecha aproximadamente el 50% de los ejemplares colectados.

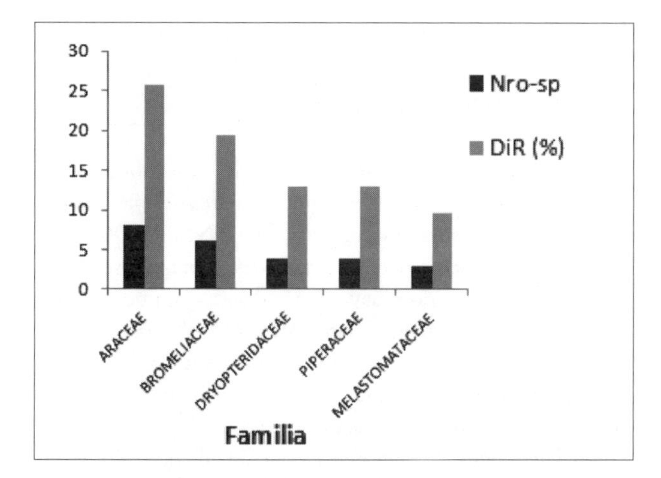

Fig. 2.4. Diversidad relativa (DiR) y número de especies por familia en el estrato herbáceo del Tepuy 1.

En el Tepuy 2 se registraron 159 especies que corresponden a 68 familias (Apéndice 1.2). Del total de las especies registradas 60 corresponden a biotipos arbóreos (árboles mayores a 5 m de altura y 10 cm DAP), 63 a arbustos y 36 hierbas (Fig. 2.5).

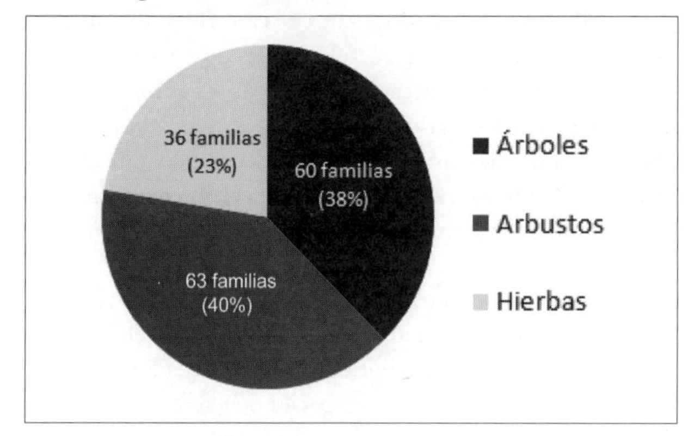

Fig. 2.5. Número y porcentaje de familias de los tres biotipos evaluados (árboles, arbustos, hierbas) presentes en el Tepuy 2.

Dentro del estrato ***arbóreo*** se registró una densidad absoluta de 512 individuos por hectárea. Las familias con mayor diversidad relativa y número de especies son: Clusiaceae (10%, 6 especies); Myrtaceae y Euphorbiaceae (8.3%, 5 especies); Melastomataceae, Fabaceae y Lauraceae (6.7%, 4 especies). Véase Figura 2.6. Las especies de mayor importancia ecológica IVI, son *Alchornea grandiflora* (8.6%), *Andira* sp. (7.7%), *Wettinia* sp. (7.1%), *Clusia* sp. (6.7%) y *Eugenia* sp. (6.6%). Los datos de todas las especies se muestran en el Apéndice 1.3. El índice de diversidad según Shannon es de 0.6 y Simpson es de 0.97.

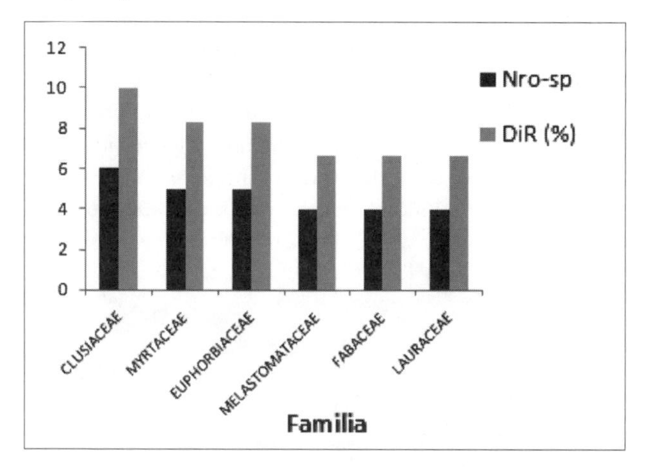

Fig. 2.6. Diversidad relativa (DiR) y número de especies por familia en el estrato arbóreo, Tepuy 2.

En el estrato ***arbustivo*** se registraron 15.300 individuos por hectárea. Las familias con mayor porcentaje de diversidad relativa y mayor número de especies son: Rubiaceae y Melastomataceae (17.5%, 11 especies), Clusiaceae (11.1%, 7 especies), Ericaceae (9.5%, 6 especies) y Lauraceae (7.9%, 5 especies), entre las más importantes (Fig. 2.7).

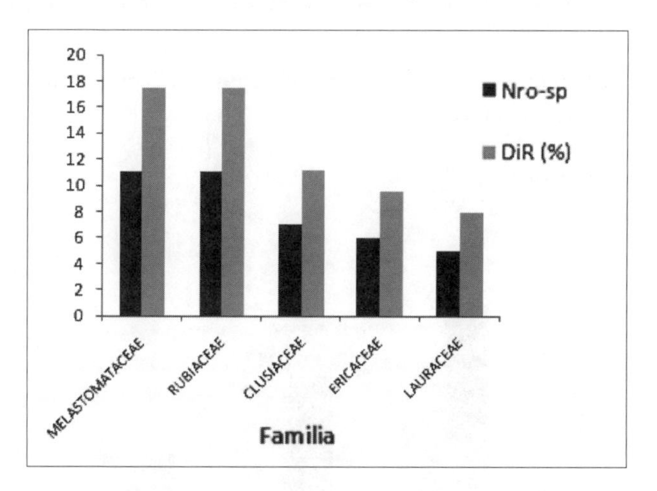

Fig. 2.7. Diversidad relativa (DiR) y número de especies por familia en el estrato arbustivo, Tepuy 2.

Las especies con mayor densidad relativa son: *Meriania tomentosa, Cybianthus marginathus* (3.3%), *Cavendishia bracteata, Graffenrieda emarginata* y *Miconia punctata* (2.9%). La mayor frecuencia relativa corresponde a: *Cin-*

chona sp.2, *Psychotria allenii* y *Tibouchina* cf. *lepidota* (3,6%), *Asplundia* sp., *Cavendishia bracteata, Clusia alata* y *Palicourea demissa* (2,4 %). Los datos de todas las especies se muestran en el Apéndice 1.3. El índice de diversidad en este estrato según Shannon es de 0.4 y el de Simpson es de 0.96.

En el estrato *herbáceo* se registraron 110.769 individuos por hectárea. Las familias con mayor diversidad relativa y número de especies son: Araceae (19.4%, 7 especies), Piperaceae (13.9%, 5 especies), Melastomataceae, Bromeliaceae y Dryopteridaceae (11.1%, 4 especies). Véase la Figura 2.8. *Anthurium oxybelinm, Diplazium* sp. (9%), *Guzmania garciaensis* (6.3%), y *Rhodospatha latifolia* y *Guzmania* sp.1 (5.6%) presentan los mayores porcentajes de densidad relativa. Los valores más altos de frecuencia relativa corresponden a: *Diplazium* sp., *Rhodospatha latifolia* (6.3%), *Anthurium oxybelinm, Guzmania garciaensis* y *Guzmania* sp1. (4.2 %). Los datos de todas las especies se muestran en el Apéndice 1.3. El índice de diversidad en este estrato según Shannon es de 0.3 y según Simpson 0.96.

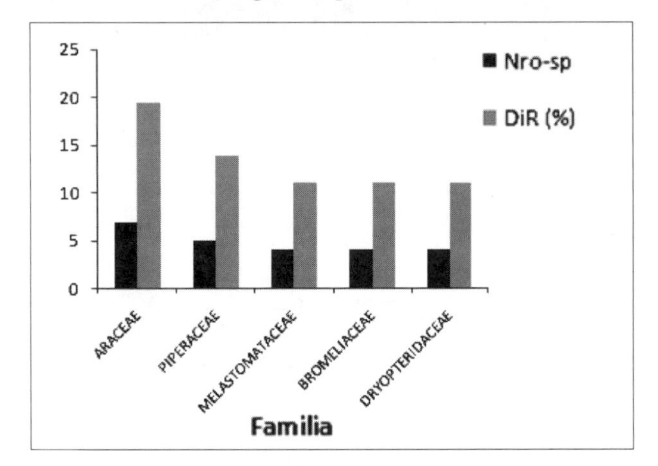

Fig. 2.8. Diversidad relativa (DiR) y número de especies por familia en el estrato herbáceo, Tepuy 2.

Al comparar la similitud entre el Tepuy 1 el Tepuy 2, obtenemos los siguientes índices:

Sorensen = 43.1%
Jaccard = 27.5%

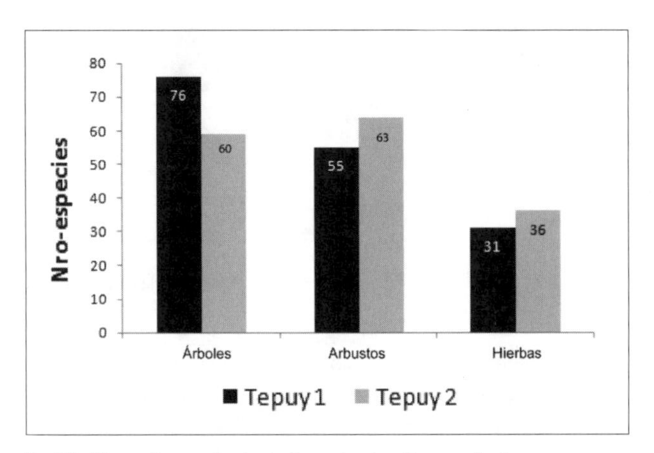

Fig. 2.9. Número de especies de plantas en los dos sitios muestrados.

Se interpreta, a través de estos valores, que los dos sitios son poco parecidos florísticamente. En la Figura 2.9 se muestra el número de especies de acuerdo al hábito de crecimiento que existen en cada sitio de muestreo. En la Figura 2.10, se muestra el número de familias existentes en los dos sitios con su respectivo número de especies.

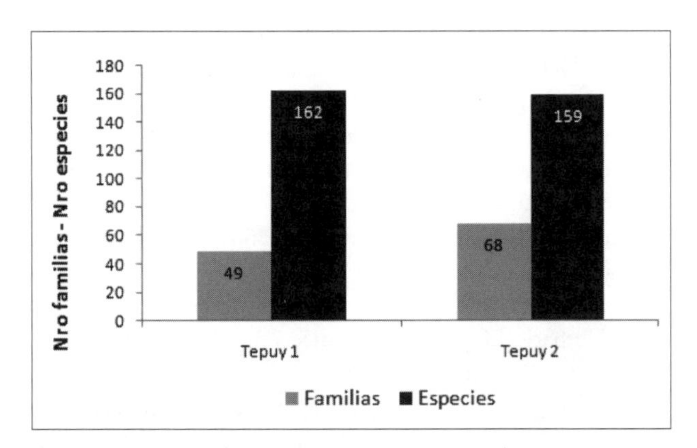

Fig. 2.10. Número de familias y especies de plantas en los dos sitios muestrados.

ESPECIES INTERESANTES/IMPORTANTES

En los dos sitios de muestreo, en altitudes de 1200–1600 msnm, se registró la especie *Phainantha shuariorum*, liana leñosa recientemente descrita por Ulloa y Neill (2006). Cuatro de las cinco especies del género *Phainantha* son endémicas del Escudo Guayanés en Venezuela, mientras que la única especie conocida en los Andes es *P. shuariorum*. La presencia de especies cercanamente emparentadas en sitios tan lejanos resulta intrigante biogeográficamente.
Se identificaron otras especies interesantes biográficamente como *Humiriastrum mapiriense*, conocida de pocas localidades en la región de Mapiri de Bolivia, en las vertientes orientales de la Cordillera de los Andes, y que es dominante en la parcela permanente instalada por David Neill en el Tepuy Alto de Las Orquídeas, ubicada a 1620 m de altitud. También se encontró a *Podocarpus tepuiensis* (existente en la región del Pantepuy) y *Pagamea dudleyi*, que son especies y géneros disyuntos del Escudo Guayanés y la Cordillera del Cóndor en formaciones de rocas y areniscas (Neill 2007).

Se registraron dos especies raras de cascarillas: *Cinchona* sp.1; *Cinchona* sp.2 (Rubiaceae) posibles especies nuevas y Dacryodes sp. (Burseraceae) la cual según las colecciones existentes en el Herbario LOJA y QCNE, realizadas por botánicos del Missouri Botanical Garden y mediante el respectivo estudio taxonómico por los especialistas, está registrada como especie nueva, la cual se encuentra en proceso de publicación.

Las especies *Humiatrum diguense* y *H. mapiriense* (Humiriaceae) encontrados en los dos sitios de investigación, son registros recientemente reportados para el Ecuador (Neill 2007). Además las siguientes especies tienen una distribución restringida a la Cordillera del Cóndor: *Roucheria laxiflora* (Linaceae), *Pagamea dudleyi*, *Centronia laurifolia*

(Melastomataceae), *Podocarpus tepuiensis* (Podocarpaceae) y *Ternstroemia circumscissilis* (Theaceae).

Se registraron siete especies endémicas para el Ecuador: *Graffenrieda harlingii*, *Miconia reburrosa* (Melastomataceae), *Persea bullata* (Lauraceae), *Saurauia pseudostrigillosa* (Actinidaceae), distribuídas por algunas provincias en el país. *Macrocarpaea harlingii* (Gentianaceae), *Meriania furvanthera* (Melastomataceae), *Palicourea calycina* (Rubiaceae) exclusivas para Loja y Zamora Chinchipe. *Stilpnophyllum grandifolium* (Rubiaceae) exclusiva para Zamora Chinchipe. Algunas de estas especies son consideradas como amenazadas por la UICN (Apéndice 1.2). (Valencia *et al.* 2000).

DISCUSIÓN

Los índices de similitud según Sorensen y Jaccard determinaron que el primer sitio de investigación Tepuy 1 (1200–1400 msnm) y el segundo sitio de investigación Tepuy 2 (1600 – 1850 msnm) son áreas poco parecidas en su composición florística, dado que comparten únicamente 66 especies de las 321 registradas en total. Además las unidades de muestreo en el segundo sitio están dentro de un sustrato compuesto por roca arenisca, lo que según indica que los bosques en este tipo de sustrato y región son muy diferentes, en términos de la composición florística de las especies, estructura y la dinámica, a cualquier área de bosque que ha sido inventariada en cualquier otra parte del Ecuador (Neill 2007).

La densidad absoluta en el estrato arbóreo es superior en el primer sitio (1200-1400 msnm) debido que la vegetación en la amazonía en sitios con altitudes bajas presenta mayor número de individuos arbóreos con diámetros y fustes muy representativos. En el caso de los arbustos es superior en el segundo sitio ya que las unidades de muestreo se instalaron en la meseta del tepuy ubicada a partir de 1600 msnm y, en estas altitudes los bosques son diferentes en estructura y composición florística a los bosques amazónicos de las tierras bajas y pie de monte; aquí los elementos arbustivos con diámetros menores a 10 cm de DAP son abundantes sobretodo en el Páramo Arbustivo Atípico. El estrato herbáceo es relativamente similar entre los dos sitios de investigación aunque el primer sitio sobresale por una pequeña cantidad de individuos existentes en el Bosque Chaparro, demostrado con la abundancia de especies de la familia Bromeliaceae y Pteridophyta.

En el primer sitio de investigación, el número de individuos arbóreos y de especies es muy similar con los datos obtenidos por Neill (2007) con 774 ind/ha y 90 especies en la parcela permanente instalada en Yunkumas a 1150 msnm en estratos de arenisca de la formación Hollín al Norte de la Cordillera del Cóndor.

En el segundo sitio, el número de individuos arbóreos y especies son muy similares a los registrados por Neill (2007) con 532 ind/ha y 70 especies en la parcela permanente instalada a 1650 msnm de altitud y difieren del estudio realizado en un bosque montano andino localizado en el noreste del departamento de La Paz, provincia Franz Tamayo, en la región central del ANMI Madidi en Bolivia a 1600 m.s.n.m. con geología de arenisca, lutitas y limonitas, donde se registran 860 individuos arbóreos. Sin embargo en este último coinciden con el número de familias botánicas (Cabrera 2005).

En el primer sitio de investigación (1200–1400 m) según los índices de diversidad, el estrato ***arbóreo*** según Shannon posee una diversidad de magnitud media y según Simpson resulta ser muy diversa.

El estrato ***arbustivo*** con Shannon presenta una diversidad de magnitud media y según Simpson de alta.

El estrato ***herbáceo*** presenta una diversidad de magnitud baja según Shannon y con Simpson es alta. La diferencia entre los resultados en los tres estratos se debe a que el primer índice considera la abundancia de las especies y además considera el número total de las especies; el segundo solo considera la abundancia de las especies.

En el segundo sitio los valores de diversidad de acuerdo a los índices calculados son similares al primero, aunque no se puede comparar estas dos áreas, porque son dos zonas poco parecidas florísticamente y también los rangos altitudinales de cada sitio pertenecen a pisos florísticos y tipos de bosque diferentes.

RECOMENDACIONES

Generales:

- Considerando los graves problemas y presiones como la deforestación provocada por el avance de la frontera agrícola y exploración minera que soporta el Tepuy 1, se recomienda implementar un modelo de incentivos económicos, que podría ser el Programa Socio Bosque, actualmente impulsado por el Gobierno, el cual entrega incentivos económicos a aquellas comunidades que protegen sus bosques. Así, se pueden impulsar acciones productivas alternativas (ej. turismo, silvicultura), evitando expansión de la frontera agrícola y la deforestación.

- El Tepuy 2, tiene excepcionales recursos escénicos y es de más fácil acceso, por lo que se recomienda aplicar como herramienta de conservación el turismo sustentable, que sería en la modalidad de ecoturismo o turismo comunitario. Para esto, el MAE, el Municipio de Nangaritza y los pobladores deberían formular participativamente un plan de manejo, que incluya la zonificación ecológica que demarque las zonas de uso intensivo, de protección estricta, de uso múltiple y también la determinación de la capacidad de carga de los senderos que se diseñen en este plan. Estas acciones permitirían conservar los valiosos recursos y hábitats existentes en esta área.

- En los dos sitios se debería impulsar la investigación para determinar y cuantificar la cantidad de carbono almacenado en los bosques para en un futuro mediano incursionar dentro del mercado de carbono a través de los incentivos propuestos por la iniciativa mundial REDD (Reducción de Emisiones por Deforestación y Degradación de Bosques) que se maneja con gran validez y realidad en todo el mundo, especialmente en la región tropical en áreas con gran densidad boscosa.

Específicas:

- Se debería, entre los actores involucrados en la conservación, tales como Universidades, Municipios, MAE, Ministerio de Turismo, masificar e intensificar procesos y proyectos de investigación para conocer y entender la diversidad y dinámica de estos ecosistemas boscosos, así como los servicios ambientales y escénicos que presta.

- La silvicultura, aplicada para obtener de los bosques una producción contínua de bienes y servicios demandados por la sociedad, puede implementarse en algunas zonas ya alteradas por el ser humano, utilizando las siguientes especies maderables: *Humiriastrum baslamifera, H. mapieriense, Podocarpus tepuiensis, Pagamea dudleyi, Dacryodes* sp. También se puede hacer un manejo de especies con potencial alimenticio y frutales nativos como el Chamburo (*Jacaratia digitata*), Yarazo (*Pouteria caimito*), Membrillo (*Eugenia stipitata*) y Apai (*Grias peruviana*) y medicinales como Cascarillas (*Cinchona* spp.), Santa María (*Piper umbellatum*) entre otras, en los sitios adecuados como fincas en la zona de usos agropecuarios.

- Consideramos muy importante el establecer programas de reforestación con especies nativas en las zonas alteradas. Idealmente, se debería considerar la posibilidad de crear corredores de bosques entre los ahora aislados tepuyes. La reforestación se debería realizar con especies de la zona que tengan un rápido crecimiento como Balsa (*Ochroma pyramidale*), Tunashi (*Piptocoma discolor*), Sannon (*Hyeronima asperifolia*). Además, la reforestación y conservación de los bosques tiene el potencial de ser una alternativa económica para los pobladores locales a través de programas de incentivo como captura de carbono.

LITERATURA CITADA

Aguirre, Z., y Aguirre, N., 1999. Guía práctica para realizar estudios de comunidades vegetales. Departamento de Botánica y Ecología. Loja, Ecuador.

Aguirre, Z., 2008. Biodiversidad Ecuatoriana. Documento guía de Clases. Universidad Nacional de Loja, Loja, Ecuador.

Becking, M., 2004. Sistema Microregional de Conservación Podocarpus. Tejiendo (micro) corredores de conservación hacia la cogestión de una Reserva de Biosfera Cóndor-Podocarpus. Programa Podocarpus. Loja, Ecuador.

Cabrera, H., 2005. Diversidad florística de un bosque montano en los Andes tropicales del noroeste de Bolivia. Ecología en Bolivia 40 (3): 380–395.

Clemants, S. 1991. Two new species of *Bejaria* (ERICACEAE) from South America. Brittonia, 43(3): 171–177.

Melo, O., Vargas, R. 2003. Evaluación ecológica y silvicultural de ecosistemas boscosos. Universidad de Tolima. Tolima, Colombia.

Neill, D. A. 2005. Cordillera del Condor: Botanical treasures between the Andes and the Amazon. Plant Talk 41: 17–21.

Neill, D. A. 2007. Botanical Inventory of the Cordillera del Condor Region of Ecuador and Peru. Project Activities and Findings, 2004-2007.

Rogers, Z.S. 2002a. A new species of *Weinmannia* (Cunoniaceae: Cunonieae) from southern Ecuador. Novon 12: 249–252.

Rogers, Z.S. 2002b. Two new species of *Weinmannia* (Cunoniaceae: Cunonieae) from southern Ecuador. Sida 20: 179–187.

Sierra, R., Cerón C., Palacios W. y Valencia R. 1999. Propuesta preliminar de un sistema de clasificación de vegetación para el Ecuador Continental. Proyecto INEFAN/ GEF-BIRF y ECOCIENCIA, Quito, Ecuador.

Ulloa, U., C y D. A. Neill. 2005. Cinco años de adiciones a la flora del Ecuador 1999-2004. Loja, Ecuador.

Ulloa, U., C. y D. A. Neill. 2006. *Phainantha shuariorum* (Melastomataceae), una especie nueva de la Cordillera del Cóndor, Ecuador, disyunta de un género Guayanés. Novon 16 (2): 281–285.

Valencia, R., Pitman, N., León, S. y Jorgensen, P. 2000. Libro rojo de las plantas endémicas del Ecuador. Quito, Ecuador.

Vargas, M., 2002. Ecología y Biodiversidad del Ecuador. 1era Edición. Quito, Ecuador.

Capítulo 3

Hormigas de los Tepuyes de la Cuenca Alta del Río Nangaritza, Cordillera del Cóndor

Leeanne E. Alonso y Lloyd Davis

RESUMEN

Se investigó la diversidad de hormigas de dos tepuyes cercanos a la comunidad de San Miguel de las Orquídeas, en la cuenca alta del Río Nangaritza, Cordillera del Cóndor, sureste del Ecuador. Los análisis preliminares resultaron en una diversidad de 32 géneros y 51 especies de hormigas. Esta diversidad es conservadora, debido a que todavía hay que identificar algunos de los ejemplares a nivel de especies y a las condiciones climáticas al momento de la expedición (días nublados y fríos). Además, el corto tiempo dedicado a cada sitio no nos permitió encontrar todas las especies de hormigas que viven en los dos lugares. Las hormigas encontradas parecen típicas de los bosques prístinos tropicales y nublados (alrededor de los 1200 m). La fauna de hormigas a esta altura es menos diversa, pero con diferentes especies, que la fauna de regiones más bajas; esta especificidad implica que se deben realizar esfuerzos para conservar estos ecosistemas.

ABSTRACT

The diversity of ants was investigated in two tepuyes near the community of San Miguel of Orchids, in the upper basin of Nangaritza River, Cordillera del Cóndor, in southeastern Ecuador. Preliminary analysis demonstrated an estimated diversity of 32 genera and 51 species of ants. This estimate is conservative since some specimens are still awaiting identification at the species level. Also, because of weather conditions at the time of field work (cloudy and cold days) and the short time at each site, probably we did not find all species of ants living in both places. The ants found seem typical of pristine tropical cloud forest (around 1.200 m). The ant fauna at this elevation is less diverse, but with different species than the fauna at lower regions; this specificity means that efforts should be made to conserve these ecosystems.

INTRODUCCIÓN

Las hormigas (Insecta: Hymenoptera: Formicidae) son un grupo importante y diverso de insectos sociales con una diversidad de más de 12.000 especies con distribución cosmopolita, excepto en los polos y en elevaciones por sobre la línea de nieve. Las hormigas representan una gran biomasa y realizan muchas funciones en los ecosistemas, tales como mejorar la calidad del suelo, dispersar semillas, polinizar plantas, consumir pequeños animales y controlar las poblaciones de insectos que se pueden transformar en pestes. De igual manera, las hormigas son útiles para monitorear y evaluar las condiciones ambientales y la biodiversidad. La diversidad de hormigas en los trópicos, especialmente en Ecuador, es muy alta.

MÉTODOS Y ÁREAS DE ESTUDIO

Se estudió la diversidad de hormigas de dos tepuyes cercanos a la comunidad de San Miguel de las Orquídeas, en la cuenca alta del Río Nangaritza, Cordillera del Cóndor, en el sureste de Ecuador. En el Tepuy 1 (Sitio 1), se muestrearon diferentes hábitats a elevaciones entre 1.252 y 1.271 m de altura.

En ambos tepuyes, se utilizó el método de Búsqueda y Colecta. Este método está dirigido hacia hormigas que están anidando bajo las hojas, bajo o en troncos caídos, y aquellas que se encuentran forrajeando en el suelo, hojarasca, troncos de árboles y plantas. Colectas adicionales y esporádicas en ambos tepuyes fueron realizadas por otros miembros del equipo RAP de esta expedición.

Adicionalmente, en el Tepuy 2 se aplicó el método de Winkler. Utilizando el método de Winkler, se muestrearon 20 cuadrantes de 1 m^2 en un transecto al lado del sendero. Cada uno de estos cuadrantes contenía epífitas y hojarasca, de las cuales se separaron las hormigas en bolsas "Winkler" durante un período de 48 horas (Agosti y Alonso 2000).

RESULTADOS

Análisis preliminares de los resultados indican al menos 32 géneros y 51 especies de hormigas en las muestras (Apéndice 2). Aunque todavía quedan algunos especímenes que no han sido identificados a nivel de especies, es altamente probable que en estas muestras se registren especies adicionales. También, debido a las condiciones climáticas frías y nubladas, y el corto tiempo de muestreo en cada sitio, seguramente no se encontraron todas las hormigas que habitan en ambos sitios.

Las colecciones en el Tepuy 1 fueron escasas debido a la persistente lluvia. El método de Búsqueda y Colecta resultó en 23 géneros y 28 especies de hormigas. Sin duda, muchas de las especies crípticas no fueron colectadas por las condiciones climáticas. En este sitio no se encontró ninguna evidencia que sugiera que la fauna del bosque de neblina (o zona epífita) esté aislada de la fauna de las zonas más bajas contiguas. Sin embargo, es probable que futuros estudios prueben que las especies encontradas son habitantes regulares de los bosques de neblina. Durante la caminata hasta el campamento del Tepuy 1 y en el camino de vuelta, se observaron tres especies de hormigas soldado del género *Eciton*. También se identificaron hormigas arrieras (*Atta* sp.) cerca del poblado de Las Orquídeas, pero no en los tepuyes.

El Tepuy 2 tiene una vegetación similar a la del Tepuy 1, en donde los musgos y epífitas cubren el suelo y los árboles. Las hormigas de este sitio tenían poca actividad por el frío, la neblina y la lluvia constantes. Sin embargo, los dos últimos días fueron soleados y se pudieron observar muchas más hormigas activas. La diversidad en el Tepuy 2 fue de 24 géneros y 36 especies de hormigas. Con el método de Winkler encontramos más hormigas porque hay muchas especies pequeñas que se esconden en la hojarasca. El cernir hojarasca probó ser un método exitoso para colectar hormigas, especialmente cuando las masas de epífitas se cortaban con un machete.

DISCUSIÓN

Aún debemos finalizar las identificaciones de todos los especímenes de hormigas colectadas durante este RAP para poder determinar cuántas especies son nuevas para la ciencia y cuántas pueden ser restringidas a los Tepuyes de Nangaritza. De acuerdo a nuestro análisis preliminar, la diversidad y composición de la fauna de hormigas parece típica de los bosques lluviosos tropicales de elevación media.

Muchos estudios han demostrado que existen menos especies de hormigas a elevaciones altas que a elevaciones bajas, y aún menos en elevaciones mayores a los 2500 m (Brown 1973, Janzen 1973, Collins 1980, Atkin y Proctor 1988, Dun *et al.* 2009). Por ejemplo, la riqueza de especies de las hormigas de la hojarasca en un bosque lluvioso de Malasia, disminuyó exponencialmente con la elevación (Brühl *et al.* 1999), mientras que en un estudio en un bosque lluvioso panameño (Olson 1994), de Madagascar (Fisher 1996), y de Tanzania (Robertson 2002), revelaron un decrecimiento monotónico de la riqueza de especies de hormigas a medida que aumentó la elevación. La relación lineal relativamente consistente entre la diversidad de especies y la elevación, contrasta con los resultados presentados en la literatura en general (Rahdek 1995), donde un gran porcentaje de invertebrados y otros taxa muestran picos de diversidad a elevaciones medias.

Los resultados preliminares de un estudio sobre la fauna de hormigas en el Parque Nacional Podocarpus indican el mismo patrón, en que se muestra una mayor diversidad en las tierras bajas y sólo 8 especies a 3.000 m, altura que representa el límite de elevación de las hormigas en los trópicos (T. Delsinne *pers. comm.*). La razón de estos patrones es sujeto de muchos estudios en los que se demuestra que la temperatura es uno de los factores más importantes que delimitan la diversidad de especies (Sanders et al. 2007).

Los bosques lluviosos de elevaciones medias alrededor de 1.200 m, como los inventariados en este RAP, típicamente tienen menor diversidad que las tierras bajas y frecuentemente están habitados por especies diferentes. Las amenazas inminentes del calentamiento global hacen del estudio y la conservación de los bosques lluviosos un tema más urgente. (Colwell *et al.* 2008) predijo que, no sólo las especies de altura van a perder su hábitat a medida que el clima se calienta sino que hasta el 80% de las especies de los bosques lluviosos de tierras bajas van a declinar o desaparecer. Esto se debería a un desplazamiento de estas faunas en el perfil altitudinal y las extinciones en las tierras bajas ocasionadas por el incremento de la temperatura global.

ESPECIES INTERESANTES/IMPORTANTES

En la parte más alta del Tepuy 1, una densa capa de musgo cubría el suelo, mientras que los arbustos y árboles estaban cubiertos con numerosas epífitas. En una búsqueda bajo 50 cm de musgo y raíces de helechos, se encontró una hormiga de tono claro perteneciente al género *Pachycondyla*. En similares condiciones se encontraron hormigas de los géneros *Camponotus* y *Leptogenys*. Algunas especies de *Pheidole* se encontraron viviendo bajo epífitas. Un individuo de *Strumigenys* fue identificado entre capas de hojas podridas en epífitas. También se observaron obreras solitarias del género *Acromyrmex* en el Tepuy 1, y se colectó una hembra fundadora entre la masa de epífitas. Bajo piedras, epífitas y palos y troncos, se encontraron representantes de *Paratrechina* y *Acropyga*. Ocasionalmente se observaron individuos de una pequeña especie del género *Gnamptogenys*.

Se encontraron muchas especies de poneroides mediante diferentes métodos de colecta en los dos tepuyes. Una (o más) especies del género *Acropyga*, se ubicó comúnmente en la hojarasca mojada y troncos caídos, muchas veces con sus homópteros mutualistas.

RECOMENDACIONES PARA LA CONSERVACIÓN

Se deben realizar muestreos en estaciones y sitios diferentes a lo largo de las montañas de Nangaritza, para obtener una visión más completa de la fauna de la región. También es importante enfatizar el trabajo taxonómico que se debe focalizar en las hormigas, ya que es necesario establecer si las especies no identificadas en este trabajo representan o no nuevos taxa.

La cumbre del Tepuy 2, con su vegetación única de tipo páramo, y aquellas de otros tepuyes en las montañas de Nangaritza, deben poseer especies endémicas y únicas de hormigas. Se deben realizar inventarios de la fauna de hormigas, a fin de documentar la diversidad y composición de estas cumbres.

Se deben elaborar estrategias de conservación que incorporen los nuevos problemas que afectan a la biodiversidad, como el calentamiento global.

A pesar de que algunas especies de hormigas viven en pastizales y zonas donde los bosques han sido talados, la mayor diversidad se encuentra en zonas boscosas o poco alteradas. Por esto, se debe realizar un esfuerzo de reforestación en el área aledaña al campamento del Tepuy 1. El Tepuy 2 está en buena condición para conservar la fauna de hormigas de la Nangaritza.

LITERATURA CITADA

Agosti, D. y Alonso, L. E. 2000. The ALL protocol: a standard protocol for the collection of ground-dwelling ants. *En*: Ants, Standard Methods for Measuring and Monitoring Biodiversity, D. Agosti, J. Majer, L. E. Alonso y T. R. Schultz (eds.). Washington, DC: Smithsonian Institution Press.

Atkin, L. y Proctor, J. 1988. Invertebrates in litter and soil on Volcán Barva, Costa Rica. *J. Trop. Ecol.*, 4, 307–310.

Brown, W. L. 1973. A comparison of the Hylean and Congo-West African rain forest ant faunas. *En*: Meggers, B. J., Ayensu, E. S. y Duckworth, W. D. (eds), *Tropical forest ecosystems in Africa and South America: a comparative review*. Smithsonian Inst. Press, pp. 161–185.

Brühl, C.A., Mohamed, M. y Linsenmair, K.E. 1999. Altitudinal distribution of leaf litter ants along a transect in primary forest on Mount Kinabalu, Sabah, Malaysia. *Journal of Tropical Ecology*, 15, 265–267.

Collins, N. M. 1980. The distribution of soil macrofauna on the west ridge of Gunung Mulu. *Oecologia*, 44, 263–275.

Colwell, R., Brehm, G., Cardelús, C.L., Gilman, A.C. y Longino, J.T. (2008). Global warming, elevational range shifts, and lowland biotic attrition in the wet tropics. *Science*, 322: 258–261.

Dunn, R.R., N.J. Sanders, B. Guénard y M.D. Weiser. 2009. Geographic gradients in the diversity, abundance, size, and ecological consequences of ants. *En*: L. Lach, C. Parr, y K. Abbott (eds.), Ant Ecology, Oxford University Press, USA.

Fisher, B.L. 1996. Ant diversity patterns along an elevational gradient in the Réserve Naturelle Intégrale d'Andringitra, Madagascar. *Fieldiana Zool.* (*n.s.*), 85, 93–108.

Janzen, D. H. 1973. Sweep samples of tropical foliage insects: effects of seasons, vegetation types, elevation, time of day, and insularity. *Ecology*, 54, 687–708.

Olson, D.M. 1994. The distribution of leaf litter invertebrates along a Neotropical altitudinal gradient. *J. Trop. Ecol.*, 10, 129–150.

Rahbek, C. 1995. The elevational gradient of species richness: A uniform pattern? *Ecography*, 18, 200–205.

Robertson, H. G. 2002. Comparison of leaf litter ant communities in woodlands, lowland forests and montane forests of north-eastern Tanzania. *Biodiversity and Conservation*, 11, 1637–1652.

Sanders, N., J-P. Lessard, M. Fitzpatrick y R.R. Dunn. 2007. Temperature, but not productivity or geometry, predicts elevational diversity gradients in ants across spatial grains. *Global Ecology and Biogeography, (Global Ecol. Biogeogr.)* 16, 640–649.

Capítulo 4

Insectos hoja (Orthoptera: Tettigoniidae) e insectos palo (Phasmatodea) de la Cuenca Alta del Río Nangaritza en el sureste de Ecuador

Holger Braun

RESUMEN

El inventario de insectos hoja produjo una pequeña, pero muy interesante colección de 27 especies típicas de bosque: 21 en el Sitio 1 y 14 en el Sitio 2 (8 especies compartidas por ambos sitios). Trece de estas especies son probablemente nuevas para la ciencia y tres de ellas requieren la descripción de un nuevo género. Adicionalmente, dos especies fueron registradas por primera vez en Ecuador. Muchas especies no han sido reportadas desde su descripción original. Los fásmidos, o insectos palo, estuvieron representados por 15 especies (ambos sitios combinados), entre los cuales se cuentan 4 subespecies y diez especies nuevas, y un género nuevo. La diversidad real de ambos grupos es con certeza mucho mayor a lo estimado en este reporte. La supervivencia de estos insectos dependerá de la conservación de bosques lluviosos montanos prístinos.

ABSTRACT

In Site 1, a small but interesting sample of 27 katydid species was collected; in contrast,, at Site 2, 14 katydid species were identified (8 species shared between the two sites). Between the two sites, thirteen species are likely new to science y three of them require the description of new genera. Additionally, two species were recorded for the first time in Ecuador. Many of the species that were identified have not been observed since their original description. A total of 15 species of stick insects were found, 10 of which represent new species and one that requires the description of a new genus. The real species richness of both groups is surely higher than reported. The survivorship of these insects and new taxa, likely endemic, will depend on the conservation of the pristine forests of the Cordillera del Cóndor.

INTRODUCCIÓN

Dentro de la inmensa diversidad de insectos, los Tetigoniidae, con aproximadamente 6.570 especies descritas (Eades y Otte 2009), constituyen un grupo pequeño pero notable. Muchos insectos hoja pueden encontrarse en el sotobosque y son fáciles de colectar; debido a su especificidad de hábitat y, en las especies neotropicales, fidelidad de microhábitat (Belwood 1990, Nickle y Castner 1995), las especies de esta familia son buenos indicadores de la calidad ambiental (Naskrecki 2008). Los cantos especie-específicos inclusive permiten el monitoreo acústico, al menos en las especies más conspicuas de las tierras altas (Braun 2002).

El área de estudio en el valle del Río Nangaritza se encuentra aproximadamente a 20 km al este del límite oriental del Parque Nacional Podocarpus, donde la fauna de Tettigonidae fue estudiada extensivamente entre 1997 y 2000 (Braun 2002, 2008). En el Podocarpus se encontraron 100 especies en un rango de elevación de 1000–3400 m, con 3200 m como límite máximo de distribución para los insectos hoja. Adicionalmente, se había realizado un breve inventario de la diversidad de insectos hoja en enero de 2009 en Maralí (850–2000 m), una población ubicada en el valle del Río Zamora, cerca de El Pangui, aproximadamente 60 km al norte del área de este estudio (Braun, no publicado).

El presente reporte resume la información sobre los insectos hoja y fásmidos encontrados durante una evaluación rápida realizada en abril 6–20 de 2009, cerca de Las Orquídeas (al sur de Zurmi), en la provincia de Zamora Chinchipe. Aunque los insectos hoja son tratados en más detalle que los fásmidos, las conclusiones generales del estudio aplican para ambos grupos.

MÉTODOS Y SITIOS DE ESTUDIO

En el Sitio 1 (4.25026 S; 78.61746 W), al este del río Nangaritza, se realizaron muestreos entre el 6 y el 12 de abril, en un rango altitudinal de1250–1450 m. Aparte de unos pocos senderos a lo largo de las cuchillas de montaña, en este sitio se exploraron diversos arroyos donde se encontró una gran cantidad de insectos hoja en la vegetación que crecía en los bancos.

El Sitio 2 (4.25791 S; 78.681636 W), al oeste del valle del río, se estudió entre el 15 y el 20 de abril y abarcó un rango de 1100–1850 m. En este sitio se exploró un sendero que conducía a la cima de una montaña cercana y cruzaba un arroyo grande a 1.200 m de altura y uno pequeño a aproximadamente 1.500 m.

La búsqueda de los insectos hoja, que en su mayoría eran nocturnos, se condujo durante el anochecer y la media noche (ocasionalmente hasta las 2 a. m.), usando una lámpara de cabeza (Petzl Myo XP). Este modo de búsqueda limitó el inventario a aquellos individuos ubicados a alturas ≤ 2–3 m sobre el suelo. Todos los individuos fueron localizados visualmente. También se utilizó un detector de ultrasonido (Pettersson D 200), pero muchos insectos hoja en este rango altitudinal cantan muy esporádicamente. Durante estas excursiones, también se colectaron fásmidos.

Todos los especímenes testigo fueron secados. Los insectos hoja fueron preparados con alfileres y los fásmidos fueron enviados a Oskar Conle para su identificación. Los insectos hoja se identificaron usando una monografía con información detallada para la subfamilia Pseudophyllinae, para la cual el autor de este reporte ha adaptado una clave de identificación de las especies de Orthoptera; esta referencia puede ser consultada en línea (Eades y Otte 2009) y es denominada de aquí en adelante como OSF. También se utilizaron diversos artículos taxonómicos (incluyendo descripciones originales) y fotografías de especímenes tipo disponibles en OSF. Las fotografías de las especies colectadas durante este estudio también estarán disponibles en OSF. Los especímenes tipo de las especies nuevas serán depositados en el Museo Alexander Koenig, en Bonn, la Academia Nacional de Ciencias Naturales de Filadelfia y el Museo de Zoología de la Universidad Católica del Ecuador, en Quito.

RESULTADOS

Se encontró un total de 27 especies de insectos hoja (Apéndice 3.1), excluyendo las especies típicas de pastizal, *Conocephalus equatorialis* y *Neoconocephalus* sp. (Conocephalinae), así como un miembro de Steirodontini (Phaneropterinae) vista en los pastizales del Sitio 1. Este número parece ser bastante bajo para un bosque lluvioso montano neotropical. No obstante, considerando la falta de especies típicas de dosel, y que muchos insectos hoja son crípticos y viven en densidades poblacionales muy bajas, este número es un resultado satisfactorio dada la brevedad del estudio. En el caso de seis especies, se encontró solo un individuo; para las otras seis, sólo dos o tres individuos. Trece especies parecen ser nuevas para la ciencia, incluyendo tres que por sus características parecen representar nuevos géneros. Los fásmidos estuvieron representados por 15 especies, incluyendo 4 subespecies y 10 especies nuevas, y un género nuevo (Apéndice 3.2).

Subfamilia Conocephalinae

La especie verde y pequeña de *Daedalellus*, vista frecuentemente a lo largo de los arroyos del Sitio 1 (26 individuos en total), es claramente diferente a las otras siete especies en este género. Esta nueva especie de *Daedalellus* (mal identificada como *Uchuca* en el reporte preliminar) será la tercera de este género. La especie Loja no es la especie tipo de *Loja lavéis Giglio-Tos* 1898 del sureste de Ecuador, sino una nueva especie (la segunda especie de este género tendrá que ser reclasificada).

Subfamilia Meconematinae

Hasta hace poco se consideraba que la tribu Phlugidini pertenecía a Listroscelidinae, debido a las espinas largas en la tibia anterior (protoráxica) que ayuda a estos insectos depredadores a sostener a su presa. Sólo se colectó una hembra, la cual será probablemente muy difícil de identificar, habiendo otras 50 especies en el género.

Subfamilia Phaneropterinae

El hallazgo más importante en este grupo fue una hembra muy pequeña con alas cortas encontrada en el Sitio 1. Este es el segundo individuo de un género no descrito; el primer individuo es también una hembra encontrada en el valle del Río Jamboe, básicamente en la ladera opuesta de la misma montaña (identificada como *Parangara* sp. 2 en Braun 2002). Por lo menos tres especies de *Anaulacomera* serán difíciles de identificar (habiendo 94 especies pobremente descritas).

Subfamilia Pseudophyllinae

La mayoría de las especies encontradas en este estudio, 19 en total, pertenecen a esta diversa subfamilia tropical cuyos miembros imitan la coloración y la apariencia general de la corteza de árboles, hojas, musgos y líquenes.

Tribu Cocconotini:
Una hembra de *Eubliates festae* parece ser el primer registro de esta especie desde su descripción original en 1989 (también del sureste de Ecuador). La especie *Schedocentrus differens*, con pocos individuos encontrados en el Parque Nacional Podocarpus, parece haber sido registrada por última vez en 1898 (en el mismo artículo de Giglio-Tos). La especie de *Mystron*, de la cual se observaron aproximadamente 10 individuos, es un nuevo miembro de este género descrito en 1999 con base en dos especies del Oriente de Ecuador. Otra especie observada frecuentemente a lo largo de los arroyos en el Sitio 1 (por lo menos 14 individuos observados), parece pertenecer a un género no descrito.

Tribu Eucocconotini:
Aparte de una hembra de una nueva especie del género monotípico *Myopophyllum*, se observaron 40 individuos de otra nueva especie en el Sitio 1, principalmente en el sotobosque cercano a los arroyos. Para este hermoso insecto hoja, con alas muy reducidas y patas verde esmeralda, se publicará la descripción de un nuevo género muy pronto.

Tribu Leptotettigini:
La subespecie *Leptotettix voluptarius distinctus*, descrita para Perú y no registrada hasta ahora desde esa fecha, es moderadamente común en el área.

Tribu Platyphyllini:
Para *Drepanoxiphus elegans*, descrita de Ecuador, los últimos registros de campo parecen haberse realizado en 1898 (la especie ya había sido observada en enero en Maralí).

Tribu Pleminiini:
Un único especímen del Sitio 1 resultó ser una nueva especie del género *Ancistrocercus*. Para *Championica peruana* se obtuvo el primer registro para Ecuador, así como también el primer registro desde su descripción. Para *Diacanthodis formidabilis*, descrita en base a una hembra de una localidad desconocida en Brasil, tampoco parece haber registros adicionales desde su descripción. No es totalmente seguro si un macho y una hembra, encontrados en el Sitio 1 y 2 (respectivamente), pertenecen a esta especie. La descripción, que carece de ilustraciones, parece coincidir con los especímenes, especialmente en relación a las conspicuas espinas en el pronoto, las cuales están particularmente bien desarrolladas en el macho (y que probablemente le sirven como defensa al mismo tiempo que camuflaje, debido a su apariencia de musgo). Una hembra del género *Rhinischia* probablemente representa una nueva especie.

Tribu Pterochrozini:
Los miembros de esta tribu son imitadores altamente especializados, que lucen como hojas con seis patas en varios estados de descomposición, incluyendo detalles microscópicos tales como hongos "falsos" y daños por herbivoría. Se encontraron dos especies. Un macho y una hembra de *Typhyllum erosifolium* se aparearon en una jaula pequeña; esto estableció su conespecifidad, ya que el género se caracteriza por un dimorfismo sexual considerable. Dicho dimorfismo probablemente esté relacionado a su peculiar comportamiento de apareamiento, en el cual, antes de la cópula, algunas veces el macho pasa muchos días montando sobre las alas de la hembra, quien tiene el doble de su tamaño. La hembra colectada asemeja más al holotipo de *Typophyllum peruvianum*, que al de *T. erosifolium* (ambas hembras de Perú, machos desconocidos; aparentemente, sin registros adicionales). La única diferencia son los márgenes de forma sinuosa de la terminalia en *T. erosifolium*, los cuales son curvados uniformemente en las otras especies. Sin embargo, estas desviaciones caen dentro de la variación intraespecífica del género (pers. obs., Braun 2002). En el macho colectado, los terminalia son, de hecho, conspicuamente sinuados (uniformemente curvados en la hembra colectada), de modo que *T. peruvianum* probablemente tendrá que ser sinonimizado. Se encontraron 14 individuos de una nueva especie de *Typophyllum*, la mayoría en el Sitio 1.

Tribu Teleutiini:
Pemba cochleata y *Teleutias castaneus* parecen ser moderadamente comunes en el área. Con respecto a *Teleutias fasciatus*, se encontró una hembra en el Sitio 2 y existen registros recientes de esta especie en Ecuador (Morris *et al.* 1989, Montealegre y Morris 1999). Una sola hembra del Sitio 2 pertenece a esta tribu (posiblemente un nuevo género); adicionalmente, en la cima del tepuy en el Sitio 2, se encontró un macho de un insecto hoja braquióptero que parece representar otro género no descrito.

DISCUSIÓN

La colección de especies de insectos hoja fue muy pequeña, pero también muy interesante. La mitad de las especies encontradas durante este inventario probablemente no han sido descritas y muchas de las otras aparentemente no han sido reportadas desde su descripción original, en algunos casos hace más de 100 años. Adicionalmente, solo la mitad de las especies de Nangaritza ya eran conocidas del Parque Nacional Podocarpus, el cual incluye el rango altitudinal cubierto en este estudio (Braun 2002, 2008); siete especies también fueron encontradas en Maralí. Cinco de las nuevas especies no fueron encontradas en Podocarpus, a pesar de su cercanía. Como indican las 12 especies para las cuales se encontró sólo 1–3 individuos, la diversidad real de insectos hoja en el área de estudio es seguramente un orden de magnitud mayor (de seguro incluyendo más especies no descritas).

Inclusive entre las 100 especies encontradas en Podocarupus se obtuvieron individuos únicos. Una de estas especies conocida de un sólo individuo, está representada por una especie de un Pseudophyllinae braquióptero encontrado en un valle en la parte este de Podocarpus. Una segunda hembra de esta especie fue encontrada en este inventario, al otro lado de la misma cordillera.

Una nueva especie de Pseudophyllinae braquióptero de Podocarpus, también perteneciente a un nuevo género, fue observada y en particular escuchada frecuentemente, lo cual permitió definir muy bien su rango altitudinal entre los 1.800 y 2.200 m; un individuo de esta especie fue colectado en el tepuy del Sitio 2, a 1.850 m. Curiosamente, la vegetación en este sitio, con árboles enanos cubiertos de musgos, bromelias terrestres y líquenes de suelo, se asemeja mucho a la encontrada a mayores elevaciones en Podocarpus, muy por encima del rango altitudinal de la especie en dicha área.

Muchas preguntas quedan por resolver sobre la pobremente conocida distribución de los insectos hoja neotropicales (y los insectos neotropicales en general). Las investigaciones realizadas en Podocarpus indicaron distribuciones muy restringidas en algunos casos (sólo en una vertiente de una cordillera, o sólo en un valle, inclusive para especies acústicamente conspicuas) y muy extensas en otras (más de 300 km al sur de la localidad tipo en el Volcán Tungurahua, en el caso de *Typophyllum egregium*). Este estudio indica que los datos ya levantados deben ser revisados y que son necesarias más investigaciones incluyendo las áreas adyacentes a Las Orquídeas.

RECOMENDACIONES DE CONSERVACIÓN

Los miembros de la subfamilia Pseudophyllinae, al menos las especies neotropicales, están (con muy pocas excepciones) restringidas a bosque lluvioso prístino y usualmente no habitan en bosque secundario, menos aún en áreas deforestadas o pastizales. Probablemente, esta característica aplica también a las otras especies mencionadas en el apéndice 3.1. Debido a que existen indicios de que las distribuciones de especies de altura pudieran ser muy restringidas, la conservación del bosque lluvioso montano remanente es particularmente importante. Además, los insectos no serían afectados por una actividad ecoturística responsable, usando y posiblemente desarrollando el sistema de senderos existente, con alojamiento, transporte y logística manejados por la comunidad local. El área, con la mayoría de su diversidad por ser descubierta, es de interés particular para los biólogos y podría servir para atraer el interés entre estudiantes. Tal como lo demuestra este estudio, los insectos hoja y fásmidos podrían ser usados como representantes prominentes de varios fenómenos biológicos como por ejemplo, la evolución de camuflaje perfecto.

LITERATURA CITADA

Belwood, J. J. 1990. Anti-predator defenses and ecology of Neotropical forest katydids, especially the Pseudophyllinae. In Bailey, Winston J. y David C.F. Rentz (eds.). Tettigoniidae: Biology, Systematics and Evolution. 8–26.

Braun, H. 2002. Die Laubheuschrecken (Orthoptera, Tettigoniidae) eines Bergregenwaldes in Süd-Ecuador: faunistische, bioakustische und ökologische Untersuchungen [Los grillos (Orthoptera, Tettigoniidae) de un bosque de neblina en los Andes del Ecuador: investigaciones faunísticas, bioacústicas y ecológicas]. Ph.D. thesis, University of Erlangen, Nürnberg, Germany.

Braun, H. 2008. Orthoptera: Tettigoniidae: Checklist Reserva Biológica San Francisco and Parque Nacional Podocarpus (Prov. Zamora-Chinchipe and Loja, S. Ecuador). *Ecotropical Monographs*, 4: 215–220.

Eades, D.C. y D. Otte. Orthoptera Species File Online, Version 3.5. Website: Orthoptera.SpeciesFile.org [August 2009].

Montealegre-Z., F. y G. K. Morris. 1999. Songs and systematics of some Tettigoniidae from Colombia and Ecuador I. Pseudophyllinae (Orthoptera). *Journal of Orthoptera Research*, 8: 163–23.

Morris, G. K., D. E. Klimas, D. A. Nickle. 1989. Acoustic signals and systematics of false-leaf katydids from Ecuador (Orthoptera, Tettigoniidae, Pseudophyllinae). *Transactions of the American Entomological Society*, 114(3-4): 215–263.

Naskrecki, P. 2008. Katydids of selected sites in the Konashen Community Owned Conservation Area (COCA), southern Guyana. *RAP Bulletin of Biological Assessment*, 51: 26–30.

Nickle, D. A. y J. J. Castner 1995. Strategies utilized by katydids (Orthoptera: Tettigoniidae) against diurnal predators in rainforests of northeastern Peru. *Journal of Orthoptera Research*, 4: 75–88.

Capítulo 5

Anfibios y Reptiles de los Tepuyes de la Cuenca Alta del Río Nangaritza, Cordillera del Cóndor

Juan M. Guayasamin, Elicio Tapia, Silvia Aldás y Jessica Deichmann

RESUMEN

Se registraron 27 especies de anfibios y 17 de reptiles en la zona de los Tepuyes de la cuenca del Alto Nangaritza. Cuatro de las especies de anfibios (*Bolitoglossa* sp., *Dendrobates* sp., *Pristimantis minimus, Nymphargus* sp.), son nuevas para la ciencia. Una de las especies de reptiles encontrada en la zona fue descrita recientemente como *Enyalioides rubrigularis*. Se registra por primera vez para el Ecuador a la rana de cristal *Nymphargus chancas*. Además, se resalta el descubrimiento de una población saludable de ranas arlequines (*Atelopus* aff. *palmatus*), género de sapos muy amenazado en todo el Neotrópico. La conservación de los bosques de los tepuyes requiere una combinación de al menos tres factores importantes: la implementación de actividades económicamente viables y ecológicamente sustentables en la zona, la protección de los bosques remanentes y la planificación para maximizar la interconectividad de los mismos a través de programas de restauración ecológica en las zonas intervenidas, y la elaboración de estrategias de conservación dirigidos a ciertas especies como los sapos del género *Atelopus*, en donde se requiere crear zonas de acceso restringido para evitar que enfermedades potencialmente letales infecten sus poblaciones.

SUMMARY

Fieldwork at two sites in the Cordillera del Condor yielded 24 amphibian species and 17 species of reptiles. Four amphibians are new to science (*Bolitoglossa* sp., *Dendrobates* sp., *Pristimantis minimus, Nymphargus* sp.), and one reptile (*Enyalioides rubrigularis*) was recently described as a new species. We also note the first Ecuadorian record of the glassfrog *Nymphargus chancas*. An unexpected discovery was the finding of a healthy population of the harlequin frog *Atelopus* aff. *palmatus*, a species belonging to the highly endangered genus *Atelopus*, which has experienced extinctions across neotropic areas elsewhere on the continent. Conservation of montane ecosystems requires, at least, the following: implementation of economically viable and ecologically sustainable activities, protection of remnant forests, combined with programs to conserve corridors between them, by means of ecological restoration, and the development of conservation strategies directed towards endangered species such as *Atelopus* aff. *palmatus*. Additionally, it is critical to restrict human access to the areas where the Atelopus population was found, to reduce the probability of introducing fatal diseases such as chytridiomycosis.

INTRODUCCIÓN

La investigación y la conservación de la biodiversidad del planeta se encuentran en un momento crítico. Vivimos en una época que ha sido calificada como la sexta extinción masiva de biodiversidad en la Tierra. A diferencia de las anteriores, esta es la única extinción de magnitud que es atribuible, en gran medida, a una sola especie, *Homo sapiens*.

La gran presión, directa o indirecta, que el ser humano ejerce sobre los ecosistemas tiene varios frentes: destrucción y fragmentación de hábitats naturales, contaminación, cambio climático, introducción de especies exóticas y tráfico de especies. Entre los grupos afectados, posiblemente el que se encuentra en estado más crítico es el de los anfibios (anuros, salamandras y cecílidos). Estudios recientes han calculado que aproximadamente un tercio de las más de 6.500 especies de anfibios están en peligro de extinción (Wake y Vredenburg 2008, AmphibiaWeb 2009). Además, es probable que este número se incremente ya que la mayoría de anfibios tienen rangos de distribución pequeños, lo que los hace especialmente susceptibles a la extinción. Para complicar aún más el estado de conservación de los anfibios, se ha comprobado que la protección de hábitat, en muchos casos, no asegura su persistencia. Hace algo más de 10 años, de manera prácticamente simultánea, se reportó la presencia de una enfermedad denominada quitridiomicosis (causada por el hongo *Batrachochytrium dendrobatidis*) que infectaba a anfibios en Costa Rica y Australia (Berger *et al.* 1998). Una vez identificado este patógeno, varios estudios se han enfocado en entender su distribución, ecología y origen (Berger *et al.* 1998, Lips *et al.* 2006). Se ha demostrado que la quitridiomicosis tiene efectos devastadores en muchas especies de anfibios (Berger *et al.* 1998, Lips *et al.* 2006, Wake y Vredenburg 2008). El vector original de la enfermedad parece haber sido el sapo acuático africano *Xenopus leavis* (Weldon *et al.* 2004), una especie común en el mercado internacional de mascotas. Por lo tanto, la hipótesis más probable al momento es que la quitridiomicosis, una enfermedad emergente recientemente introducida de manera accidental en casi todos los continentes, es la causante de una gran parte de las extinciones de anfibios observadas en las últimas tres décadas; al momento, la quitridiomicosis está implicada en la declinación o extinción de más de 200 especies de anfibios y representa la enfermedad que más amenaza a la biodiversidad (Wake y Vredenburg 2008). Otros factores que parecen contribuir en la extinción de anfibios son la destrucción del hábitat y el cambio climático (Blaustein y Belden 2003, Stuart *et al.* 2004, Pounds *et al.* 2006). El estado de conservación de los anfibios en el Ecuador se encaja perfectamente en el escenario descrito anteriormente. El 30% de las 480 especies reportadas en el país están amenazadas y carecemos información sobre el estatus del 29% de las especies (Ron *et al.* en prensa).

La situación de los reptiles, aunque no es tan crítica, también es preocupante. Los factores mencionados anteriormente que están produciendo la pérdida generalizadas de especies (destrucción y fragmentación de hábitats naturales, contaminación, cambio climático, introducción de especies exóticas y tráfico de especies) afectan también a los reptiles. Además, recientemente se ha demostrado que las poblaciones de reptiles también han disminuido en zonas protegidas (Whitfield *et al.* 2007).

Por las razones expuestas, la investigación y conservación de los anfibios y reptiles en el Ecuador es urgente. En este contexto, el estudio de zonas poco exploradas, como la Cordillera del Cóndor, resulta particularmente relevante. La literatura relacionada a la herpetofauna de la Cordillera del Cóndor es bastante limitada. Así, los únicos artículos publicados de esta cordillera son los de Duellman y Simmons (1988), Duellman y Lynch (1988), y los resultados de los RAP efectuados en 1993 y 1994 por Ana Almendáriz, Robert Reynolds y Javier Icochea, publicados dentro del informe editado por Schulenberg y Awbrey (1997).

A continuación, presentamos los resultados de la salida realizada a los Tepuyes del Nangaritza, en la Cordillera del Cóndor, Ecuador. Resaltamos el descubrimiento de una población de *Atelopus*, género amenazado en todo el neotrópico, y de al menos cuatro especies nuevas de anfibios y una de reptiles. También se resume la diversidad de la herpetofauna conocida hasta el momento.

MÉTODOS Y DESCRIPCIÓN DE LAS ÁREAS DE ESTUDIO

Área de estudio

Este estudio se realizó en el Área de Conservación Los Tepuyes, ubicada en la Cordillera del Cóndor, Cantón Nangaritza, Provincia de Zamora Chinchipe, Ecuador (Fig. 1). Los tepuyes ecuatorianos se encuentran en una zona de un clima subtropical muy húmedo. La pluviosidad anual varía entre 2000 a 3000 milímetros al año. La temperatura promedio es de 20–22°C, en un rango altitudinal entre los 950 y 1850 m. Los suelos de los tepuyes son extremadamente pobres y están compuestos, principalmente, por areniscas de grano medio a grueso y muy ricos en sílice. Los bosques que se encuentran en el tope de estas formaciones suelen ser chaparros, justamente como una adaptación a la escasa cantidad de nutrientes de los suelos. Las formaciones vegetales características que se han encontrado en la zona de estudio (Bosque Denso Piemontano, Bosque Denso Montano Bajo, Bosque Chaparro, Páramo Arbustivo Atípico) están descritas en los resultados del grupo de investigación de plantas del presente RAP (Jadán 2009). Las características generales de los dos sitios estudiados, así como la duración de cada muestra están resumidos en el Apéndice 4.1.

Métodos

En cada sitio, cuatro personas realizaron búsquedas en todos los hábitats reconocidos (Apéndice 4.1) y en áreas en donde normalmente se concentran los anfibios (riachuelos, pozas, áreas particularmente húmedas). Esta búsqueda se efectuó durante el día (entre 3–6 horas diarias) y la noche (4–6 horas por noche). Los ejemplares colectados fueron preservados siguiendo técnicas estándares en herpetología (Heyer *et al.*

1994, Simmons 2002). Adicionalmente, se preservaron raspados de la piel de los anfibios para evaluar la presencia/ausencia de enfermedades (quitridiomicosis) siguiendo los protocolos especificados en Brem *et al.* (2007). Todos los ejemplares colectados se encuentran depositados en el Museo de Zoología de Vertebrados de la Pontificia Universidad Católica del Ecuador, Quito (QCAZ). La taxonomía de los anfibios sigue, en general la propuesta de Frost *et al.* (2006); en particular, seguimos la taxonomía de Faivovich *et al.* (2005) para los hílidos, Grant *et al.* (2006) y Santos *et al.* (2009) para los dendrobátidos y Guayasamin *et al.* (2009) para los centrolénidos. La taxonomía de los reptiles sigue la propuesta presentada en Uetz (2009). El grado de amenaza de las especies a nivel global sigue la clasificación de la UICN (2009). En el Ecuador, el grado de amenaza sigue la clasificación de Ron *et al.* (en prensa) para los anfibios y Castillo *et al.* (2005) para los reptiles.

RESULTADOS

En total, se registraron 27 especies de anfibios (Apéndice 4.1) y 17 de reptiles (Apéndice 4.2) en la zona de los Tepuyes de la Cuenca del Alto Nangaritza, Cordillera del Cóndor. Cuatro de las especies de anfibios (*Bolitoglossa* sp., *Dendrobates* sp., *Pristimantis minimus*, *Nymphargus* sp.) y una de reptil (*Enyalioides rubrigularis*) son nuevas para la ciencia. Además, se registra por primera vez en el Ecuador a la rana de cristal *Nymphargus chancas*. A continuación presentamos los resultados separados por localidad:

Sitio 1 (elevación 1256–1430 m)

En este sitio, también conocido como Miazi Alto, se han reconocido 7 familias y 20 especies de anfibios (Apéndice 4.1), de las cuales una es una especie nueva descubierta y recientemente descrita (*Pristimantis minimus*; Terán-Valdez y Guayasamin, 2010) y cinco todavía no tienen identificaciones definitivas (*Pristimantis* sp. 1, *Pristimantis* sp. 2, *Atelopus* aff. *palmatus* y 2 especies del complejo *Hypsiboas calcarulatus/fasciatus*). Entre los reptiles, hemos registrado 4 familias y 8 especies (Apéndice 4.2). Una de las especies de reptiles resultó nueva y fue recientemente descrita (*Enyalioides rubrogularis*; Torres-Carvajal *et al.* 2009). Tanto como en los anfibios como en los reptiles, la mayoría de especies son características de la Amazonía y estribaciones amazónicas de los Andes.

Sitio 2 (elevación 1200–1850 m)

En esta localidad, se han identificado 5 familias y 12 especies de especies de anfibios (Apéndice 4.1) v 5 familias y 10 especies de reptiles (Apéndice 4.2). Entre los anfibios, dos especies parecen ser nuevas para la ciencia (*Dendrobates* sp., *Bolitoglossa* sp.). Además, se encontró una población aparentemente saludable de *Atelopus* cf. *palmatus*.

Comparaciones de diversidad

A pesar de que las comparaciones de diversidad de anfibios y reptiles entre los dos sitios muestreados se dificulta porque no se han identificado hasta el nivel de especie a todos los taxa encontrados, es útil reconocer, aunque sea a grandes rasgos, dos patrones generales:

- Diversidad: El Sitio 1 y el Sitio 2 tienen la misma diversidad de reptiles (9 especies), pero el Sitio 1 tiene una diversidad considerablemente más alta de anfibios que la del Sitio 2 (20 especies en el Sitio 1; 12 especies en el Sitio 2). La diferencia está relacionada a la ausencia en el Sitio 1 de las familias Hemiphractidae, Hylidae y Centrolenidae (Apéndice 4.1).

- Especies compartidas y especies únicas: Los sitios 1 y 2 comparten cinco especies de anfibios (*Allobates kingsbury, Syncope antenori, Pristimantis* cf. *peruvianus, Pristimantis diadematus, Pristimantis minimus*) y una de reptiles (*Alopoglossus* sp. 1). Es decir, cada tepuy tiene un alto número de especies únicas (Apéndices 4.1 y 4.2).

Especies relevantes

Sitio 1:

En este tepuy, se encontró una posible especie nueva de anfibio para la ciencia (*Pristimantis minimus*) y un nuevo registro para el Ecuador (*Nymphargus chancas*). También se reporta a *Oreobates simmonsi*, especie endémica de la Cordillera del Cóndor. Entre los reptiles, se resalta el descubrimiento de una nueva especie, *Enyalioides rubrigularis*, y también de la serpiente amenazada *Bothrocophias microphthalmus*.

Sitio 2:

Como un resultado inesperado y tremendamente importante para la conservación de anfibios en el Ecuador, en el Sitio 2 se observó una población aparentemente saludable de ranas arlequines (*Atelopus* cf. *palmatus*). Este género de anfibios ha sufrido drásticas declinaciones poblacionales y/o extinciones en todo el Neotrópico (La Marca *et al.* 2005). En el Ecuador, de las 21 especies registradas de *Atelopus*, la gran mayoría parece estar extinta. Al momento solo se conocen tres poblaciones relativamente estables en este grupo, una en el Parque Nacional Sangay, otra en los alrededores de Limón (actualmente amenazada por la construcción de la carretera Macas–General Leonidas Plaza) y la descubierta durante este estudio. Además, en este tepuy, se encontraron cuatro especies nuevas para la ciencia, tres anuros (*Pristimantis minimus, Dendrobates* sp., *Nymphargus* sp.) y una salamandra (*Bolitoglossa* sp.).

DISCUSIÓN

Comparaciones de diversidad

Resulta sorprendente el que dos sitios geográficamente cercanos (ca. 5,5 km en línea recta) presenten tan pocas especies compartidas de anfibios y reptiles (Apéndices 4.1 y 4.2). Consideramos que existen cuatro factores principales que influyen en que la diversidad de las comunidades estudiadas sean tan diferentes: biogeográficos, ecológicos, antropogénicos, metodológicos.

Los factores biogeográficos están relacionados con el efecto del valle del río Nangartiza en la distribución de las especies de anfibios y reptiles. La presencia de este valle tiene el potencial de limitar el movimiento de especies adaptadas a zonas altas del Sitio 1 hacia el Sitio 2 y viceversa. Ecológicamente, el Sitio 1 y el Sitio 2 tienen algunas diferencias conspicuas, como el rango altitudinal que cubren (Sitio 1 = 1.256–1430 m; Sitio 2 = 1.200–1.850 m), y otras menos obvias como la presencia de múltiples riachuelos de aguas negras y aguas blancas en el Sitio 1, y la de básicamente un único riachuelo de aguas negras en el Sitio 2. Estas diferencias explican la presencia, en el Sitio 2, de especies que parecen tener un origen andino (*Atelopus* cf. *palmatus, Bolitoglossa* sp., *Pristimantis* sp. 1, *Pristimantis* sp. 2, *Dendrophidion* sp., *Riama* sp.). De igual manera, la ausencia de ranas de cristal del Sitio 2 puede explicarse, al menos en parte, por la carencia de riachuelos de aguas blancas.

El ser humano también ha tenido un impacto en la distribución de especies. Un área considerable del Sitio 1, especialmente alrededor del campamento, presentaba muestras de deforestación con fines ganaderos. En estas zonas, dominadas por gramíneas, se registraron especies oportunistas, principalmente hílidos (Apéndice 4.1), que no se encontraron en el Sitio 2, dominado por bosques primarios. Finalmente, no podemos decir que nuestros muestreos, de apenas una semana en cada tepuy, sean completos. Las curvas de acumulación de especies claramente indican que no se han encontrado todas las especies de anfibios y de reptiles (Figs. 5.1, 5.2); esto es particularmente cierto para los reptiles, los cuales, al poseer densidades relativamente bajas y no ser fácilmente detectables, son difíciles de encontrar. Sin duda, se encontrarán muchas más especies con muestreos más completos. Por esto, los resultados arriba discutidos seguramente tienen la limitación de no incluir a todas las especies de anfibios y reptiles que se encuentran en las áreas estudiadas.

Importancia regional y global de la Cordillera del Cóndor

Esta cordillera, al estar aislada fisiográficamente de la Cordillera Oriental de los Andes, presenta una serie de especies que no se encuentran en ningún otro lugar de la Tierra (Schulenberg y Awbrey 1997, Jost 2004). Algunos de los anfibios endémicos o casi endémicos al Cóndor son: *Pristimantis condor, Noblella lochites* (ambas especies también se encuentra en la Cordillera del Cutucú), *Hyloxalus mystax*, *Oreobates simmonsi*. Adicionalmente, es muy probable que las especies nuevas de anfibios y reptiles reportadas en este trabajo (*Bolitoglossa* sp., *Dendrobates* sp., *Enyalioides* sp. 1, *Pristimantis minimus, Nymphargus* sp.) tengan una distribución restringida a la Cordillera del Cóndor.

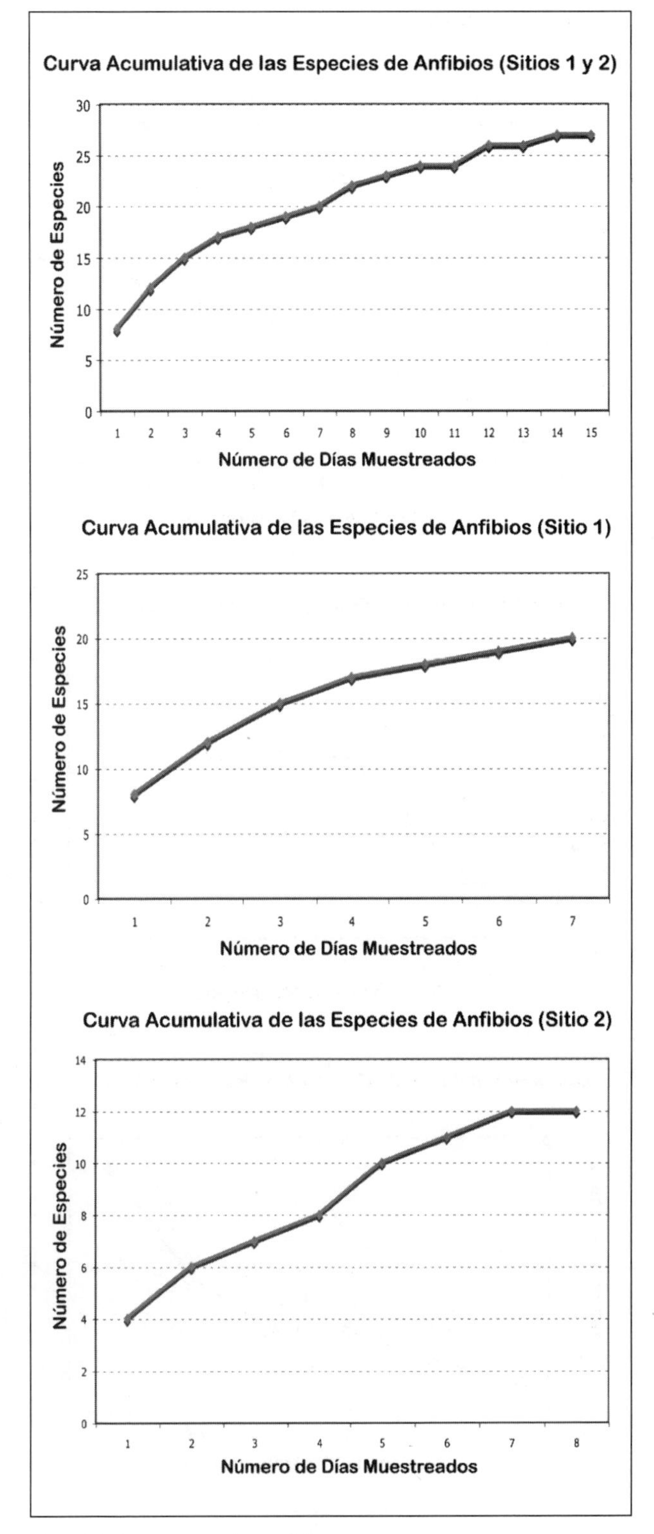

Figura 5.1. Curvas acumulativas anfibios

Conservación de especies amenazadas

La biodiversidad de la Cordillera del Cóndor solo puede ser conservada mediante la protección de sus ecosistemas, la creación de corredores biológicos y la regulación de las actividades humanas en la zona. A continuación presentamos recomendaciones generales y específicas, con énfasis en la protección de especies amenazadas.

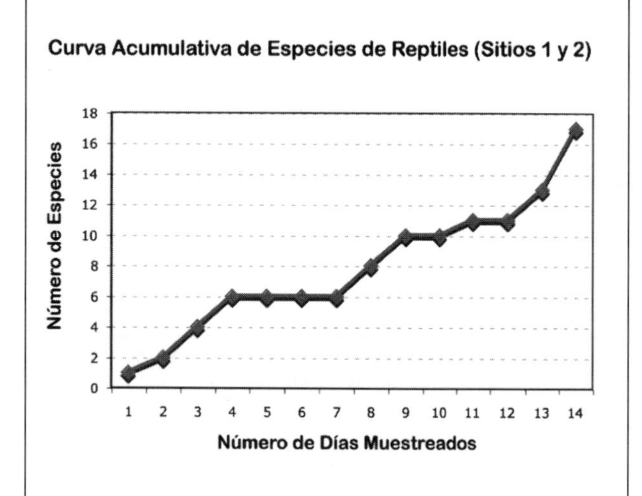

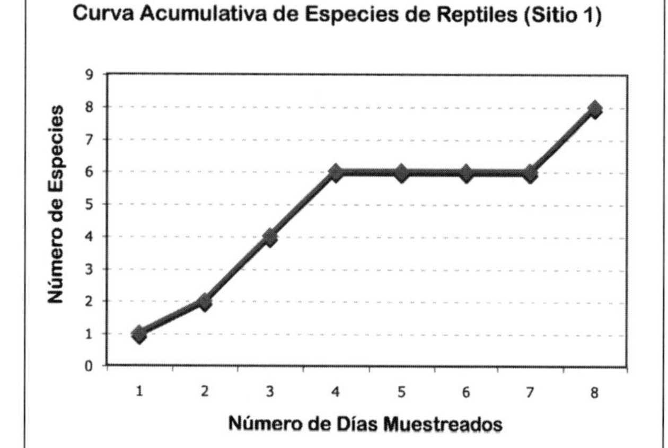

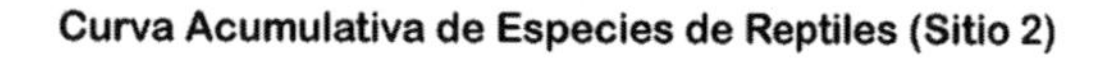

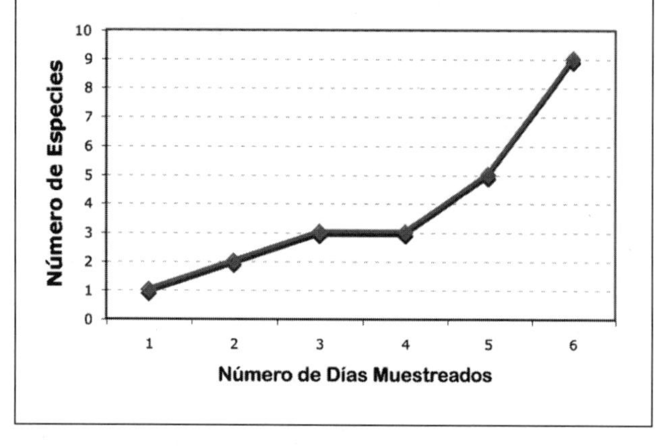

Figura 5.2. Curvas acumulativas reptiles

RECOMENDACIONES PARA LA CONSERVACIÓN

Recomendaciones generales:

Los resultados del RAP sugieren que en los Tepuyes de la cuenca alta del Río Nangaritza habitan numerosas especies de plantas y animales de distribución restringida. Estos resultados, a pesar de provenir de un estudio relativamente corto (2 semanas), resaltan la importancia biológica de esta zona, y la necesidad de consolidar y promover su conservación. Como un ejemplo puntual, en el Sitio 2 se encontró una población saludable de sapos conocidos con el nombre común de ranas arlequines (género *Atelopus*). Este género, en todo el Neotrópico, ha sufrido declinaciones y extinciones masivas, y en el Ecuador apenas persisten tres poblaciones. El descubrimiento de la población en el Sitio 2 justifica la protección de esta área y la toma de medidas específicas adicionales (véase Recomendaciones específicas).

Claramente, las amenazas más directas para la conservación de la biodiversidad del área son **(i)** la expansión de la frontera agrícola y ganadera por parte de los habitantes locales y colonos, **(ii)** la extracción forestal y **(iii)** la explotación minera a pequeña y gran escala. Dadas estas amenazas, se considera que la conservación de los tepuyes solo será posible si se toman las siguientes acciones en el menor tiempo posible:

- Dado que los Tepuyes del Nangaritza se encuentran protegidos por la Asociación de Centros Shuar Tayunts y la Asociación de Trabajadores Autónomos San Miguel de las Orquídeas, se recomienda colaborar con estos grupos para asegurar la conservación del área, su diversidad y los beneficios directos (agua) o potenciales (ecoturismo) que estos proveen a las comunidades humanas aledañas. Como parte integral de este proceso, se debe finalizar la zonificación del área y proveer de títulos de propiedad a la Asociación de Centros Shuar Tayunts y la Asociación de Trabajadores Autónomos San Miguel de las Orquídeas. Simultáneamente, hay que delimitar claramente el área protegida, la misma que debería contener especialmente zonas intangibles, científicas y turísticas.

- El Ministerio del Ambiente del Ecuador, a través del Programa Socio Bosque, provee incentivos económicos a propietarios y comunidades (con títulos legalizados) que decidan conservar voluntariamente su bosque nativo. Las comunidades locales deben considerar la posibilidad de integrarse a este Programa y, de esta manera, aumentar sus recursos económicos. Estos recursos se podrían utilizar en actividades que beneficien a toda la comunidad y promuevan la conservación de sus bosques. Socio Bosque es posiblemente la alternativa más viable a largo plazo para la conservación de los bosques, en caso de que actividades como el ecoturismo no sean económicamente rentables en la zona.

- Para evitar la explotación minera a nivel artesanal, la Comunidad de Las Orquídeas debe tener alternativas viables y estar organizada. El turismo podría ser una alternativa pero, se debería establecer si realmente es una actividad económicamente viable para los pobladores.

- Si el Estado ecuatoriano decide algún momento realizar concesiones mineras a nivel industrial, la comunidad debe exigir estudios de impacto ambiental y planes de mitigación que incluyan estudios interdisciplinarios (ej., biológicos, físico-químicos, geográficos, geológicos) que permitan desarrollar estrategias concretas que atenúen el impacto sobre especies endémicas y/o amenazadas y que, garanticen la persistencia de la diversidad biológica, así como la calidad de los servicios que provee el bosque (ej. agua).

- Prevemos que una eventual instauración de la minería industrial de gran escala (en particular a cielo abierto) en esta zona del país conllevaría serias consecuencias socio-ambientales. La colonización de nuevos frentes abiertos por carreteras de acceso a zonas mineras generará nuevas presiones sobre los bosques incluyendo, entre los principales efectos: mayores tasas de deforestación y extracción de recursos (ej. tráfico ilícito de biodiversidad, extracción selectiva de madera), la rápida expansión de nuevas fronteras agropecuarias hacia áreas ecológicamente sensibles, una potencial contaminación de cuerpos de agua y suelos, aparte de significativos impactos sociales, culturales y de salud en los pobladores locales. Los múltiples efectos negativos de la industria petrolera al norte del país son un reflejo del probable escenario minero en la Cordillera del Cóndor.

- La Asociación de Centros Shuar Tayunts y la Asociación de Trabajadores Autónomos San Miguel de las Orquídeas deben capacitarse y estar continuamente involucrados en el monitoreo de la conservación de los tepuyes.

- Se debe establecer sanciones claras para aquellas personas que transgredan la zona protegida.

- El conocimiento de la diversidad biológica de la zona de estudio sigue siendo incompleto, por lo que se recomienda realizar estudios más puntuales y de mayor duración.

Recomendaciones específicas:

- Dado que la gran mayoría de especies de anfibios y reptiles se encuentran en bosques prístinos, es fundamental mantener la vegetación natural existente y restaurar las zonas intervenidas.

- Para que las poblaciones de anfibios se mantengan saludables, es muy importante que los ríos y riachuelos estén libres de contaminantes y rodeados por su vegetación nativa.

- En el Sitio 1, se encontraron y describieron una especie de reptil (*Enyalioides rubrigularis*; Torres *et al*, 2009) y una de anfibios (*Pristimantis minimus*; Terán-Valdez y Guayasamin, 2010) que han sido recientemente descritas gracias, entre otros, al trabajo realizado durante este RAP. También se registra por primera vez para el Ecuador a la rana de cristal *Nymphagus chancas*. Esta especie solo se conocía de una localidad al nororiente del Perú. Por esta razón, el Sitio 1 es muy importante para el estudio y conservación de la herpetofauna. Además, la presencia de especies amenazadas como *Oreobates simmonsi* y *Bothrocophias microphthalmus*, justifica una protección efectiva a largo plazo.

- En el Sitio 2, el descubrimiento de una población de ranas arlequines (*Atelopus* sp.), con renacuajos y adultos aparentemente saludables, impone la toma de medidas particulares que se deberían ejecutar en el menor tiempo posible. Entre las más importantes tenemos:

  o Restringir el acceso de personas (locales y turistas) al sitio para reducir la probabilidad de introducir enfermedades (ej. hongo quítrido) que pueden ser letales para las ranas arlequines

  o Implementar un plan de investigación para establecer el status de la población de ranas arlequines y su viabilidad.

  o Realizar búsquedas en las zonas aledañas para establecer si existen poblaciones adicionales de esta u otra especie de *Atelopus*.

- De igual manera, en el Sitio 2, se deberían tomar las medidas de conservación apropiadas (preservación del bosque, educación ambiental, asegurar la pureza del agua de los riachuelos, limitar el acceso de personas, prohibir la agricultura, minería y ganadería) para la conservación de las especies nuevas descubiertas (*Bolitoglossa* sp., *Dendrobates* sp., *Pristimantis minimus*,).

LITERATURA CITADA

AmphibiaWeb. 2009. Information on amphibian biology and conservation. Berkeley, California. Disponible en: http://amphibiaweb.org/ (Consulta: 29 Julio 2009).

Berger, L., R. Speare, R. Daszak, D. E. Green, A. A. Cunningham, C. L. Goggin, R. Slocombe, M. A. Ragan, A. D. Hyatt, K. R. McDonald, H. B. Hines, K. R. Lips, G. Marantelli y H. Parkes. 1998. Chytridiomycosis causes amphibian mortality associated with population declines in the rainforests of Australia and Central America.

Proceedings of the National Academy of Sciences (USA), 95: 9031–9036.

Blaustein, A. R. y L. K. Belden. 2003. Amphibian defenses against ultraviolet-B radiation. *Evolution and Development*, 5: 89–97.

Brem, F., J. R. Mendelson III y K. R. Lips. 2007. Field-Sampling Protocol for *Batrachochytrium dendrobatidis* from Living Amphibians, using Alcohol Preserved Swabs. Versión 1.0 (18 Julio 2007). Disponible en: http://www.amphibians.org.

Castillo, E. S. Aldás, M. Altamirano, F. Ayala, D. Cisneros, A. Endara, C. Márquez, M. Morales, F. Nogales, P. Salvador, M. L. Torres, J. Valencia, F. Villamarín, M. Yánez y P. Zarate. 2005. Lista Roja de los Reptiles del Ecuador. Novum Millenum, Quito, Ecuador.

Duellman, W. E., y J. E. Simmons. 1988. Two new species of dendrobatid frogs, genus *Colostethus*, from the Cordillera del Cóndor, Ecuador. *Proceedings of the Academy of Natural Science of Philadelphia*, 140: 115–124.

Duellman, W. E. y J. D. Lynch. 1988. Anuran amphibians from the cordillera de Cutucú, Ecuador. *Proceedings of the Academy of Natural Science of Philadelphia*, 140:125–142.

Faivovich, J., C. F. B. Haddad, P. C. A. Garcia, D. R. Frost, J. A. Campbell y W. C. Wheeler. 2005. Systematic review of the frog family hylidae, with special reference to hylinae: phylogenetic analysis and taxonomic revision. *Bulletin of the American Museum of Natural History*, 294: 1–240.

Frost, D. R., T. Grant, J. Faivovich, R. H. Bain, A. Haas, C. F. B. Haddad, R. O. De Sa, A. Channing, M. Wilkinson, S. C. Donnellan, C. J. Raxworthy, J. A. Campbell, B. L. Blotto, P. Moler, R. C. Drewes, R. A. Nussbaum, J. D. Lynch, D. M. Green y W. C. Wheeler. 2006. The amphibian tree of life. *Bulletin of the American Museum of Natural History*, 297: 1–370.

Grant, T., D. R. Frost, J. P. Caldwell, R. Gagliardo, C. F. B. Haddad, P. J. R. Kok, D. B. Means, B. P. Noonan, W. E. Schargel y W.C. Wheeler. 2006. Phylogenetic systematics of dart-poison frogs and their relatives (Amphibia: Athesphatanura: Dendrobatidae). *Bulletin of the American Museum of Natural History,* 299: 1–262.

Guayasamin, J. M., S. Castroviejo-Fisher, L. Trueb, J. Ayarzagüena, M. Rada y C. Vilà. 2009. *Phylogenetic systematics of glassfrogs* (Amphibia: Centrolenidae) and their sister taxon *Allophryne ruthveni. Zootaxa*, 2100:1–97.

Heyer, W. R., M. A. Donnelly, R. W. McDiarmid, L. A. C. Hayek y M. S. Foster (Eds.). 1994. Measuring and Monitoring Biological Diversity: Standard Methods for Amphibians. Smithsonian Institution Press, Washington, DC.

Jost, L. 2004. New Pleurothallid Orchids from the Cordillera del Condor of Ecuador. *Selbyana*, 25: 11–16.

La Marca, E., K. R. Lips, S. Lötters, R. Puschendorf, R. Ibáñez, J. V. Rueda-Almonacid, R. Schulte, C. Marty, F. Castro, J. Manzanilla-Puppo, J. E. García-Pérez, F. Bolaños, G. Chaves, J. A. Pounds, E. Toral, & B. E. Young. 2005. Catastrophic Population Declines and Extinctions in Neotropical Harlequin Frogs (Bufonidae: *Atelopus*). *Biotropica*, 37(2): 190–201

Lips, K. R., F. Brem, R. Brenes, J. D. Reeve, R. A. Alford, J. Voyles, C. Carey, A. Pessier, L. Livo, y J. P. Collins. 2006. Infectious disease and global biodiversity loss: pathogens and enigmatic amphibian extinctions. *Proceedings of the National Academy of Science (USA)*, 103(9): 3165–3170.

Pounds, J. A., M. R. Bustamante, L. A. Coloma, J. A. Consuegra, M. P. L. Fogden, P. N. Foster, E. La Marca, K. L. Masters, A. Merino-Viteri, R. Puschendorf, S. R. Ron, G. A. Sánchez-Azofeifa, C. J. Still y B. E. Young. 2006. Widespread amphibian extinctions from epidemic disease driven by global warming. *Nature*, 439: 161–167.

Santos J. C., L. A. Coloma, K. Summers, J. P. Caldwell, R. Ree, y D. C. Cannatella. 2009. Amazonian amphibian diversity is primarily derived from late miocene Andean lineages. *PLoS Biol*, 7(3): e1000056 doi:10.1371/journal.pbio.1000056.

Schulenberg, T.S. & K. Awbrey (editors). 1997. The Cordillera del Cóndor region of Ecuador and Peru: A biological assessment. *RAP Working Papers*, 7: 1–231.

Simmons, J. E. 2002. *Herpetological Collecting and Collections Management*. Edic. Revisada. *SSAR Herpetological Circular*, 31, Shoreview, MN. 153 pp.

Stuart, S. N., J. S. Chanson, N. A. Cox, B. E. Young, A. S. L. Rodrigues, D. L. Fischman y R. W. Waller. 2004. Status and trends of amphibian declines and extinctions worldwide. *Science*, 306:1783–1786.

Terán-Valdez, A. y J. M. Guayasamin. 2010. The smallest terrestrial vertebrate of Ecuador: A new frog of the genus *Pristimantis* (Amphibia: Strabomantidae) from the Cordillera del Cóndor. *Zootaxa*, 2447: 53–68.

Torres-Carvajal, O., K. de Queiroz y R. Etheridge. 2009. A new species of iguanid lizard (Hoplocercinae, *Enyalioides*) from southern Ecuador with a key to eastern Ecuadorian *Enyalioides*. *Zookeys*, 27:59–71.

Uetz, P. 2009. The Reptile Database. Disponible en: http://www.reptile-database.org (Consulta: 29 Julio 2009).

IUCN 2009. IUCN Red List of Threatened Species. Version 2009.1. Disponible en: www.iucnredlist.org (Consulta: 29 Julio 2009).

Wake, D. B., y V. T. Vredenburg. 2008. Are we in the midst of the sixth mass extinction? A view from the world of amphibians. *Proceedings of the National Academy of Sciences (USA)*, 105: 11466–11473.

Weldon, C., L. H. Du Preez, A. D. Hyatt, R.Muller, y R. Spears. 2004. Origin of the amphibian chytrid fungus. *Emerging Infectious Diseases*, 10: 2100–2105

Whitfield, S. M., K. E. Bell, T. Philippi, M. Sasa, F. Bolaños, G. Chaves, J. M. Savage y M. A. Donnelly. 2007. Amphibian and reptile declines over 35 years at La Selva, Costa Rica. *Proceedings of the National Academy of Sciences (USA)*, 104: 8352–8356.

Capítulo 6

Aves de los Tepuyes de la Cuenca Alta del Río Nangaritza, Cordillera del Cóndor

Juan F. Freile, Paolo Piedrahita, Galo Buitrón-Jurado, Carlos A. Rodríguez y Elisa Bonaccorso

RESUMEN

Las aves de los Tepuyes de San Miguel de las Orquídeas fueron estudiadas en dos sitios, utilizando capturas con redes de neblina, puntos sistemáticos de conteo y recorridos a lo largo de senderos. Se registraron un total de 205 especies, a las que se suman 9 especies encontradas por N. Krabbe en un estudio anterior. En los sitios 1 y 2 se registraron 155 y 127 especies, respectivamente; 68 especies fueron compartidas entre ambos sitios, 87 especies fueron exclusivas del Sitio 1 y 59 del Sitio 2. En total, se registraron 10 especies amenazadas o casi amenazadas de extinción a nivel mundial y 10 a nivel nacional. Se encontraron tres especies cuya distribución global se restringe al centro de endemismo Bosques de Cresta Andina y seis especies confinadas al centro de endemismo Cordillera Oriental de Ecuador y Perú. Veinticuatro especies se registraron por primera vez en la región de los Tepuyes del Nangaritza, mientras que otras 53 se encontraron fuera de los límites de distribución reportados en estudios anteriores. Adicionalmente, se registraron 16 especies consideradas raras a nivel nacional. Entre ellas destaca *Heliangelus regalis* (Solángel Real), reportado por primera vez en Ecuador hace apenas un año en la misma región de Nangaritza. Los resultados de este estudio permiten sugerir que la conservación de las especies más susceptibles (de distribución restringida, endémicas y amenazadas) está garantizada si se protege de manera eficaz y permanente la región alta de los Tepuyes del Nangaritza. Sin embargo, las especies de las zonas bajas, no protegidas, podrían verse afectadas, si no se controlan las tasas actuales de deforestación y no se promueve la conservación y regeneración natural de dichas áreas. Dada la presencia de un gran número especies raras y/o de distribución restringida, la actividad del aviturismo podría ser una alternativa económica viable para la región de los tepuyes, pero para ello es fundamental desarrollar una zonificación de usos para el turismo, así como potenciar las capacidades de comunidad de Las Orquídeas. Finalmente, la actividad minera podría tener un impacto severo sobre las poblaciones de aves de la región del Nangaritza; sólo el apoyo a iniciativas de protección local permitirá una conservación efectiva de la zona ante esta inminente amenaza.

SUMMARY

The birds of the Tepuis de San Miguel de las Orquídeas were studied in two sites by using mistnets, point-counts, and observations along trails. A total of 205 species were recorded in addition to other 9 species registered by N. Krabbe in a previous study. In sites 1 and 2, we registered 155 and 127 species, respectively; 68 species were shared by both sites, 87 were exclusive for Site 1, and 59 for Site 2. A total of 10 species are classified as Threatened or Near Threatened at the global scale and 10 at the national scale. Three of the species registered are globally restricted to the Andean Ridge-top Forests Endemic Bird Area (EBA) and six are confined to the Ecuador-Peru East Andes EBA. Twenty-four species were registered for the first time in the Nangaritza Tepuis, whereas other 53 were found beyond their known distributional limits. Additionally, 16 of the registered species are considered rare at the national scale. One of these species, *Heliangelus regalis* (Real Sunangel), was first reported in Ecuador only a year ago in the same region studied herein. The results of this study suggest that the conservation of restricted and endangered species may be possible if the highlands of Nangaritza are protected efficiently. However, it seems clear that bird populations living in the lowlands could be affected if deforestation is not controlled and conservation initiatives are not promoted. Given the occurrence of several restricted and rare species, it seems that avitourism may be an economically viable activity, but proper land-use regulations, as well as local capacity building, are fundamental to successfully develop this activity. Finally, mining could have severe impacts on bird populations of the Nangaritza region; in face to this reality, supporting local protection initiatives seems the only route to protect the area effectively.

INTRODUCCIÓN

El estudio de las poblaciones de aves representa una herramienta útil y confiable para evaluar el estado de conservación de áreas poco estudiadas (Furness y Greenwood 1993). Esto se sustenta en el amplio conocimiento que existe sobre su distribución y taxonomía (superior al existente para otros grupos de fauna) además de su fácil detectabilidad e identificación en el campo (Balmford 2002, Bibby 2002).

Gracias a la existencia de diversas guías ilustradas (ej. Ridgely y Greenfield 2001, Schulenberg *et al.* 2007) y archivos de sonido (ej. Lysinger *et al.* 2005), la identificación de aves en el campo es bastante confiable al nivel taxonómico de especie. Esta información permite desarrollar inventarios bastante completos en períodos relativamente cortos de tiempo, a diferencia de lo que ocurre en estudios de otros grupos taxonómicos, donde la identificación requiere de mucho más tiempo y esfuerzo, incluyendo el estudio de material comparativo en museos y herbarios. Por esta razón, los estudios ornitológicos han formado parte esencial de las evaluaciones ecológicas rápidas a escala global (Schulenberg y Awbrey 1997, Alonso *et al.* 2001).

La Cordillera del Cóndor, localizada en el extremo suroriental de Ecuador y nororiental de Perú, fue explorada hace más de 10 años por un equipo de Conservación Internacional, como parte de su Programa de Evaluaciones Ecológicas Rápidas (RAP, por sus siglas en inglés; Schulenberg y Awbrey 1997). En este estudio se visitaron cuatro localidades, tres en Ecuador y una en Perú, totalizando 365 especies en aproximadamente 35 días de muestreo. Previo a estas expediciones, los estudios ornitológicos en la Cordillera del Cóndor se iniciaron con exploraciones lideradas por el Museo de Zoología de la Universidad Estatal de Louisiana (LSUMZ), en las que se descubrieron cinco aves nuevas para la ciencia (Fitzpatrick *et al.* 1977, Fitzpatrick y O'Neill 1979, Fitzpatrick *et al.* 1979). Más adelante, se desarrollaron algunas iniciativas puntuales (ej. Albuja y de Vries 1977, Snow 1979 en el extremo norte de la cordillera, y por Krabbe y Sornoza 1994) en una localidad subtropical en la región de La Punta y Chinapinza.

Adicionalmente, investigadores de la Western Foundation of Vertebrate Zoology (WFVZ) exploraron varias localidades en esta cordillera, incluyendo algunos sitios en el valle del río Nangaritza (Marín *et al.* 1992) pero sus datos completos, al igual que los del LSUMZ, nunca fueron publicados. Más recientemente (2000–2004), Aves & Conservación —representante de BirdLife International en Ecuador— desarrolló ocho exploraciones que abarcaron 24 localidades en la cordillera, incluyendo la región de Nangaritza. Salvo algunas excepciones (Ágreda *et al.* 2005, Loaiza *et al.* 2005), los datos de estas exploraciones no han sido publicados aún, pero dan cuenta de la existencia de más de 480 especies en la Cordillera del Cóndor del lado ecuatoriano.

En 1998, C. S. Balchin y E. P. Toyne publicaron un primer reporte sobre las aves del valle del Nangaritza, donde reportaron 180 especies, nueve de ellas clasificadas como globalmente amenazadas o casi amenazadas de extinción. Con la construcción de una hostería ecológica (Cabañas Yankuam) hacia 2002 en la zona de Las Orquídeas, se facilitó el ingreso de algunos ornitólogos y observadores de aves en los últimos tres años, lo que ha resultado en un listado de 428 especies solamente en el valle del río Nangaritza (desde La Punta-Chinapinza-Paquisha hasta Miazi y Shaime; Ahlman y Krabbe 2007, no publ.). En este reporte presentamos los resultados de exploraciones a dos tepuyes de la región de Nangaritza propiedad de la Asociación San Miguel de las Orquídeas. Estos sitios fueron visitados previamente de manera esporádica y aislada (Ahlman y Krabbe 2007, no publ.).

MÉTODOS Y DESCRIPCIÓN DE LAS ÁREAS DE ESTUDIO

Las aves de los Tepuyes de San Miguel de las Orquídeas fueron estudiadas en dos sitios, utilizando capturas con redes de neblina, puntos sistemáticos de conteo y recorridos a lo largo de senderos. Una muestra representativa de las aves capturadas fue colectada, preservada y depositada posteriormente en la colección ornitológica del Museo de Zoología de la Universidad Católica, en Quito (QCAZ). Las grabaciones realizadas también se encuentran en la colección del QCAZ.

Sitio 1

El primer inventario se realizó en la localidad de Miazi Alto (4,25026 S; 78,61746 W; 1256–1300 m de altitud) entre el 6 al13 de abril de 2009. El esfuerzo de captura con redes se concentró en Bosque Chaparro (Jadán 2009) en la cima del tepuy. Las observaciones y puntos de conteo se realizaron en Bosque Chaparro, Bosque Denso Piemontano y pastizal alterado alrededor del campamento.

Para las capturas desplegamos seis redes de neblina de 6 m y cinco de 12 m (ambas de 2,6 m de alto y 30 mm de apertura de malla), cubriendo un total de 96 metros lineales. El esfuerzo de captura en este sitio fue de 864 metros/hora/red. Establecimos 20 puntos de conteo separados entre sí por

200 m en promedio, en los cuales registramos todas las aves observadas y escuchadas durante 10–15 minutos. Además, en cada punto grabamos todas las vocalizaciones para posteriores identificaciones, usando grabaciones comerciales (Lysinger *et al.* 2005, Moore *et al.* 2009) y archivos sonoros (www.xenocanto.org).

Sitio 2

La segunda localidad, frente a las Cabañas Yankuam (Tepuy 2: 4,25239 S/78,66717 W; 1200–1830 m de altitud), se visitó del 14al 20 abril de 2009. El muestreo con redes de neblina se concentró en el Bosque Denso Montano Bajo (entre 1200–1550 m), mientras los puntos de conteo y recorridos de observaciones cubrieron casi todo el gradiente altitudinal de este tepuy (1200–1830 m), y las tres formaciones vegetales existentes (Bosque Denso Montano Bajo, Bosque Chaparro y Páramo Arbustivo Atípico; Jadán 2009), pero con mayor esfuerzo concentrado entre 1210–1600 m.

Para las capturas empleamos seis redes de neblina de 6 m y cinco redes de 12 m, para un total de 96 m lineales y un esfuerzo de captura de 672 metros/hora/red. Establecimos 24 puntos de conteo separados por 200 m en promedio, en los que registramos todas las aves observadas y escuchadas durante 10–15 minutos. Al igual que en el Sitio 1, en cada punto grabamos todas las vocalizaciones para posteriores identificaciones usando grabaciones comerciales (Lysinger *et al.* 2005, Moore *et al.* 2009) y archivos sonoros (www.xenocanto.org).

Adicionalmente, presentamos los resultados obtenidos por N. Krabbe (no publ.) en una expedición donde se realizaron observaciones, grabaciones y capturas con redes de neblina en el tepuy frente a Cabañas Yankuam (Sitio 2 en este estudio) entre el 31 de marzo y el 10 de abril de 2007. También incluímos algunas observaciones de F. Ahlman realizadas en visitas esporádicas al sitio entre 2003–2007 (no publ.).

ANÁLISIS ESTADÍSTICOS

Determinamos la diversidad de especies de cada sitio usando los índices de Shannon y Simpson, considerando el número de especies e individuos registrados en los puntos de conteo, y comparamos entre sitios de muestreo usando el Índice de similitud de Sorensen (Magurran 2004). Además, determinamos la riqueza total de especies por sitio combinando todos los métodos de registro (visuales, acústicos y capturas). Obtuvimos datos de abundancia relativa mediante la sumatoria de individuos registrados en los puntos de conteo dividido entre el número de individuos totales registrados en todo el muestreo. Debido a las diferencias en el tamaño de las muestras, usamos cuadros de abundancia jerarquizada para determinar las especies más frecuentes en cada sitio y para realizar comparaciones entre ambas localidades. Para determinar el alcance del muestreo (cuán completo fue) utilizamos curvas de acumulación de especies y calculamos el estimador no paramétrico de $Chao_2$ basado en el número de especies raras (Herzog *et al.* 2002, O'Dea y Whittaker 2007).

Para detectar diferencias en la estructura de la avifauna, clasificamos a las especies en seis gremios tróficos (Parker *et al.* 1996): granívoros, insectívoros, frugívoros, nectarívoros, carroñeros, carnívoros y omnívoros. Por la dieta especializada de *Ibycter americanus* (nidos de abejas y avispas) le asignamos a una categoría trófica única (especial). El número de especies por gremio entre sitios fue comparado mediante un análisis de frecuencia con una prueba de verosimilitud (Sokal y Rohlf 2003). Se realizó un análisis similar para determinar la composición de las avifaunas con respecto al piso zoogeográfico al que corresponden las especies: tierras bajas amazónicas (0–600 m), pie de monte amazónico-andino (600–1200 m), estribaciones andinas (1200–2500 m) y Cordillera del Cóndor. Empleamos la clasificación de pisos zoogeográficos de Ridgely *et al.* (1998), asignando cada especie a una categoría única según su rango altitudinal (Ridgely y Greenfield 2006, Freile no publ). En ambos análisis incluimos todas las especies registradas en el campo, mediante todos los métodos de registro.

RESULTADOS

Durante los muestreos de abril 2009 en ambos sitios del valle del río Nangaritza, registramos un total de 205 especies, a las que se suman 9 especies registradas únicamente por N. Krabbe. En el Sitio 1 encontramos 155 especies, mientras en el Sitio 2 encontramos 127; 68 especies fueron compartidas entre ambas localidades, 87 especies exclusivas del Sitio 1 y 59 especies exclusivas del Sitio 2 (Apéndice 5). La familia más diversa fue Tyrannidae, como sucede en la mayoría de localidades boscosas neotropicales (Schulenberg y Awbrey 1997), seguida de Trochilidae y Thamnophilidae.

Registramos 10 especies amenazadas o casi amenazadas de extinción a nivel mundial (BirdLife International 2009) y 10 especies a nivel nacional (Granizo *et al.* 2002) (Tabla 6.1). Además, encontramos tres especies cuya distribución global se restringe al centro de endemismo Bosques de Cresta Andina y seis especies confinadas al centro de endemismo Andes Orientales de Ecuador y Perú, según la clasificación de BirdLife International (Stattersfield *et al.* 1998) (Tabla 6.1). Aunque estas especies son las más relevantes desde el punto de vista de la conservación global, otras aves consideradas generalmente raras en Ecuador o cuya distribución todavía no se comprende con precisión, representan también registros relevantes que se discutirán en más detalle posteriormente (ver Especies relevantes).

Los valores de diversidad y riqueza de especies de ambos sitios (índices de diversidad Shannon y Simpson) fueron similares (Tabla 6.2). No obstante, en el Sitio 1 se registró un mayor número de especies que en el Sitio 2. Al comparar la similitud de especies entre ambas localidades, encontramos que el porcentaje de especies compartidas fue menor a 50% (Índice de Sorensen = 0,49).

Tabla 6.1. Especies amenazadas de extinción y endémicas de Áreas de Endemismo de Aves (Stattersfield *et al.* 1998) registadas en los Tepuyes de San Miguel de las Orquídeas, Nangaritza, Zamora Chinchipe, Ecuador.

no.[1]	Especie	Nombre inglés	Sitio 1	Sitio 2	GL[2]	EC[2]	EBA 047[3]	EBA 044[3]
43	*Aburria aburri*	Wattled Guan	1	0	NT	VU		
162	*Harpyhaliaetus solitarius*	Solitary Eagle	1	0	NT	VU		
347	*Ara militaris*	Military Macaw	1	0	VU	EN		
371	*Touit stictopterus*	Spot-winged Parrotlet	0	1	VU	VU		
416	*Megascops petersoni*	Cinnamon Screech-Owl	0	1				X
515	*Heliangelus regalis*	Royal Sunangel	1	1	EN	NE	X	
522	*Phlogophilus hemileucurus*	Ecuadorian Piedtail	1	1	NT	NT		X
563	*Urosticte ruficrissa*	Rufous-vented Whitetip	0	1				X
589	*Campylopterus villaviscensio*	Napo Sabrewing	1	1	NT	DD		X
1012	*Zimmerius cinereicapilla*	Red-billed Tyrannulet	1	0				X
1019	*Phylloscartes gualaquizae*	Ecuadorian Tyrannulet	1	1				X
1037	*Hemitriccus cinnamomeipectus*	Cinnamon-breasted Tody-Tyrant	0	1	NT	VU	X	
1038	*Hemitriccus rufigularis*	Buff-throated Tody-Tyrant	0	1	NT	NE		
1285	*Henicorhina leucoptera*	Bar-winged Wood-Wren	1	1	NT	NE	X	

[1] Los números representan un código único para cada especie según su orden sistemático (Remsen *et al.* 2009).
[2] GL (categoría global de amenaza), EC (categoría nacional de amenaza). Las categorías de amenaza de UICN se explican en el Apéndice 1.
[3] EBA (Área de Endemismo de Aves, por sus siglas en inglés). EBA 044 (Andes Orientales de Ecuador y Perú); EBA 047 (Bosques de Cresta Andina).

Esto se complementa con los resultados altamente significativos en la prueba *t-student* de los datos de Shannon ($t = 4.03$, $p < 0.01$) (Tabla 6.2). Estos resultados indican un alto reemplazo de especies entre los sitios, lo cual es notable considerando la corta distancia geográfica entre ellos (5,5 km aproximadamente).

Las curvas de acumulación de especies no alcanzaron la asíntota para ninguno de los sitios, ni para cada sitio por separado, lo que indica que varias especies no fueron detectadas y que podrían registrarse en el futuro (Fig. 6.1). Sin embargo, el valor estimado de riqueza de especies basado solamente en los datos de puntos de conteo indica que registramos al menos un 72% de especies en las dos localidades ($Chao_2$ = 158,7), un 67% para el Sitio 1 ($Chao_2$ = 119,2) y un 64% para el Sitio 2 ($Chao_2$ = 92,6).

	Sitio 1	Sitio 2
Índice de diversidad de Simpson	0,9788	0,9788
H de Shannon	4,0970	4,0970
S	82	82
Índice	3,9439	3,9439
Varianza	0,0027	0,0027

Tabla 6.2. Indicadores de la diversidad de aves en dos localidades en los Tepuyes de San Miguel de las Orquídeas, Nangaritza, Zamora Chinchipe, Ecuador. S = número de especies exclusivas de cada sitio registradas en los puntos de conteo.

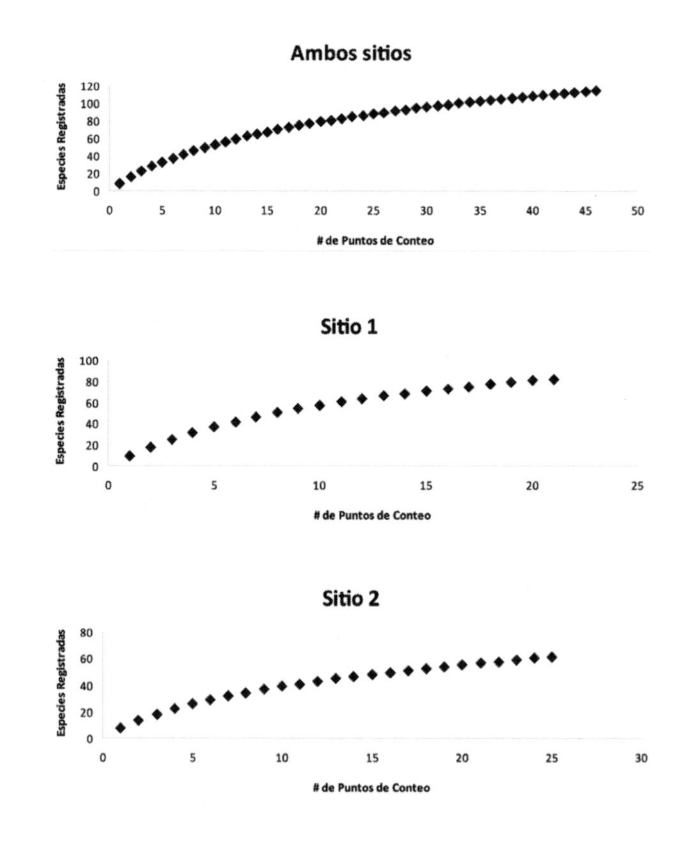

Figura 6.1. Curvas de acumulación de especies registradas en los Tepuyes de San Miguel de las Orquídeas, Nangaritza, Zamora Chinchipe, Ecuador.

Las especies más comunes dentro de puntos de conteo en los dos sitios correspondieron, en general, a especies piemontanas; las cinco más abundantes fueron: *Euphonia xanthogaster, Chlorospingus canigularis, Myioborus miniatus, Myiotriccus ornatus, Scytalopus atratus* y *Phaethornis guy* (Fig. 6.2). Las especies más abundantes en el Sitio 1 fueron *Myioborus miniatus, Euphonia mesochrysa, Chlorospingus canigularis, Euphonia xanthogaster, Scytalopus atratus* y *Vireolanius leucotis* (Fig. 6.2). Mientras en el Sitio 2, las especies más abundantes fueron *Euphonia xanthogaster, Myiotriccus ornatus, Chlorospingus canigularis, Myrmeciza castanea, Phaethornis guy* y *Turdus leucops* (Fig. 6.2). Encontramos diferencias cualitativas en la composición de las avifaunas entre las dos localidades con respecto a los pisos zoogeográficos (Tabla 6.3). En el Sitio 1 fueron predominantes las especies amazónicas, mientras en el Sitio 2, aunque también hubo un componente importante de especies amazónicas, las predominantes fueron especies de pie de monte andino-amazónico (Tabla 6.3). Sin embargo, no encontramos diferencias significativas en el número de especies correspondientes a cada piso zoogeográfico (G = 7,40; gl = 3; p = 0,6). Esto se debió al número similar de especies piemontanas y de estribaciones andinas en los dos sitios. Por otra parte, en el Sitio 1 sólo se registraron tres especies propias de la Cordillera del Cóndor, mientras que en el Sitio 2 se localizaron seis (Tabla 6.3). Aunque registramos un mayor número de especies de insectívoros en el Sitio 1, no hubo diferencias significativas en el número de especies dentro de cada gremio entre las localidades (G-test = 4,41; gl = 7; p = 0,73). En ambos sitios los gremios predominantes fueron, en este orden, insectívoros, omnívoros, frugívoros y nectarívoros (Fig. 6.3).

Piso zoogeográfico	Sitio 1	Sitio 2
Tierras bajas amazónicas	79	45
Pie de monte amazónico-andino	52	53
Estribaciones andinas	21	23
Cordillera del Cóndor	*Heliangelus regalis**	*Heliangelus regalis*
	Oxyruncus cristatus	*Phylloscartes superciliaris*
	*Henicorhina leucoptera**	*Hemitriccus cinnamomeipectus**
		Myiophobus roraimae
	4,0970	*Oxyruncus cristatus*
	82	*Henicorhina leucoptera*

Tabla 6.3. Número de especies pertenecientes a diferentes pisos zoogeográficos registradas en los Tepuyes de San Miguel de las Orquídeas, Nangaritza, Zamora Chinchipe, Ecuador. La clasificación de pisos zoogeográficos corresponde a Ridgely *et al.* (1998), asignando cada especie a una categoría única según su rango altitudinal. La distribución global de todas estas especies se extiende más allá de la cordillera del Cóndor, pero en Ecuador están confinadas a esta cordillera y a la adyacente cordillera del Kutukú (Ridgely y Greenfield 2001). Aquellas marcadas con un asterisco (*) están ausentes en el Kutukú y son prácticamente endémicas del Cóndor.

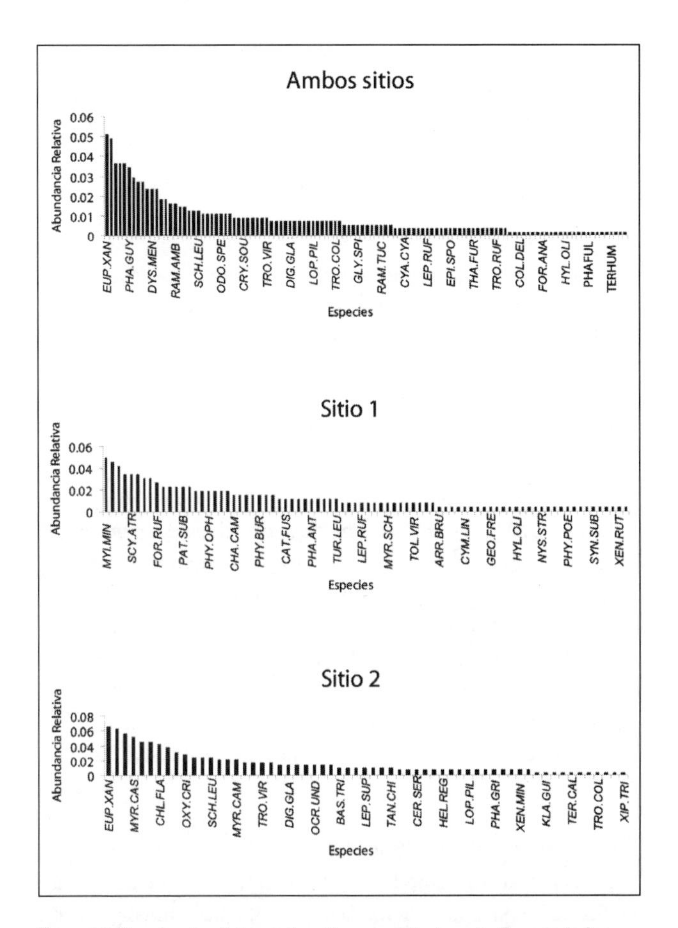

Figura 6.2. Abundancia relativa de la avifauna registrada en los Tepuyes de San Miguel de las Orquídeas, Nangaritza, Zamora Chinchipe, Ecuador. Las abreviaturas de especies corresponden a códigos de tres letras del nombre genérico y tres letras del específico, normalmente las tres primeras. Nótese que no todas las especies están rotuladas; para la información exacta de la abundancia de cada especie, contactar a los autores.

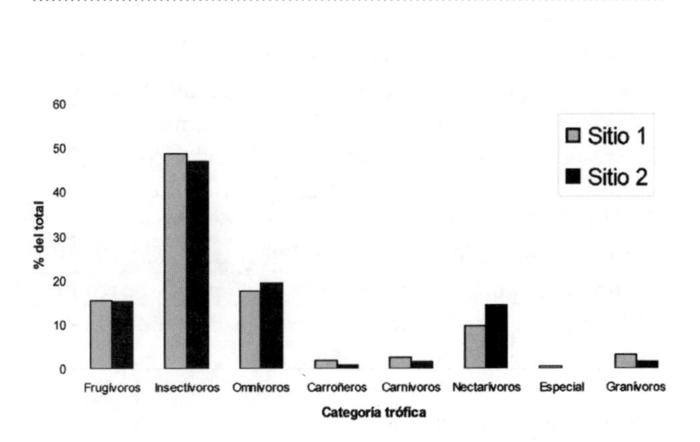

Figura 6.3. Estructura trófica de las comunidades de aves registradas en dos localidades en los Tepuyes de San Miguel de las Orquídeas, Nangaritza, Zamora Chinchipe, Ecuador.

Especies relevantes

Harpyhaliaetus solitarius.

PP y CAR observaron un individuo inmaduro sobrevolando áreas de bosque y zonas intervenidas, en dirección al valle del Nangaritza. Especie generalmente rara, con distribución esparcida en los Andes del Ecuador (Ridgely y Greenfield 2001) y que requiere grandes áreas boscosas y valles extensos con poca fragmentación de hábitat. El conocimiento sobre su historia natural es muy deficiente.

Ara militaris.

Una bandada, de número indeterminado, fue escuchada por PP y CAR desde el interior del bosque, pero no se localizó en días posteriores. Se desconoce si la especie realiza movimientos estacionales en el valle del Nangaritza o si es residente permanente; los registros en la zona son escasos (Ahlman y Krabbe 2007, no publ.).

Megascops petersoni.

Esta es una de las especies menos conocidas del género Megascops. JFF, PP y GBJ escucharon y grabaron dos o tres individuos en Bosque Denso Montano Bajo, al pie del tepuy (Sitio 2). La actividad vocal se limitó a tres madrugadas, sin que se registrara actividad vocal nocturna. Al parecer es una especie rara en la zona, donde convive con *Megascops guatemalae napensis*, la cual fue escuchada apenas una vez. Este es el registro más bajo de la especie en el país (J. Freile no publ.).

Campylopterus villaviscencio.

Especie relativamente frecuente en el sotobosque de interior de bosque piemontano y montano bajo, especialmente en el Sitio 1, donde capturamos ocho individuos en redes. Ningún individuo presentó muestras de reproducción. Su distribución todavía no está bien comprendida, pero al parecer se esparce a lo largo de toda la estribación oriental de los Andes, donde es localmente frecuente (ver Robbins *et al.* 1987).

Heliangelus regalis.

En el Sitio 2 registramos hasta 13 individuos (tres hembras) en Bosque Denso Montano Bajo y Páramo Arbustivo Atípico, con mayor abundancia en la porción más alta del tepuy, sobre 1.700 m. La observamos alimentándose de al menos ocho especies, especialmente epifitas, entre 30 cm y 2,5 m de altura. Más detalles sobre la historia natural de esta especie descrita recientemente (Fitzpatrick *et al.* 1979) se publicarán por separado (Freile *et al.* en prep.). Se reportó *Heliangelus regalis* por primera vez en el país en esta misma localidad (Krabbe y Ahlman 2009).

Phlogophilus hemileucurus.

Poco conspicua dentro de bosque piemontano y montano bajo, especialmente el primero. Poco común en el Sitio 1 (5 individuos en 20 puntos de conteo). JFF observó un macho alimentándose de una bromelia (*Tillandsia* sp.) en el paramillo sobre 1.830 m de altitud, siendo desplazado agresivamente por un macho *Heliangelus regalis*. Existen pocas localidades de registro en el país; la escasez de registros previos en la Cordillera del Cóndor (Ahlman y Krabbe 2007, no publ; Aves & Conservación no publ.) sugieren que es una especie de distribución localizada en la cordillera.

Myrmeciza castanea.

Una de las especies más frecuentes del Sitio 2, donde alcanzó valores de abundancia similares a especies comunes a lo largo de toda la estribación andina desde Colombia hasta el norte de Perú (ver arriba). Varias parejas defendieron vocalmente territorios relativamente pequeños (~12 m de longitud x 15 m de ancho) en interior de bosque montano bajo y en una ocasión en borde de bosque. No se observó en asociación a bandadas mixtas, incluso cuando éstas se desplazaban sobre sus territorios.

Phylloscartes gualaquizae.

Registrado ocasionalmente en Bosque Denso Piemontano y Montano Bajo, hasta 1.450 m de altitud. En una ocasión observado en asociación a una pequeña bandada mixta de dosel dominada por *Myioborus miniatus*, *Diglossa glauca* e *Iridosornis analis*. Es posible que haya pasado desapercibida durante los puntos de conteo por su baja detectabilidad.

Phylloscartes superciliaris.

Solitarios o parejas registradas cuatro veces en el Sitio 2, sobre 1.400 m de altitud. Forrajeaba en subdosel y dosel bajo (8–12 m de altura), siempre asociado a bandadas mixtas, realizando ataques horizontales hacia el follaje y salidas aéreas cortas. Las bandadas mixtas estuvieron conformadas además por *Colaptes rubiginosus, Philydor erythrocercum, Xiphorhynchus triangularis, Pipra pipra, Turdus fulviventris, Diglossa glauca, Calochaetes coccineus, Anisognathus somptuosus, Iridosornis analis, Myioborus miniatus, Euphonia mesochrysa* y *E. xanthogaster.* Se considera localmente poco común, pero su comportamiento es llamativo y sus vocalizaciones distintivas por lo que los limitados registros existentes en el país (Ridgely y Greenfield 2001) posiblemente responden a una distribución genuinamente dispersa, y no a falta de información de campo.

Hemitriccus rufigularis.

Un individuo fue observado por JFF en sotobosque denso de bosque montano alto a 1.450 m de altitud en el Sitio 2. Se encontraba solitario, sin vocalizar. No se lo registró más en puntos de conteo ni en recorridos exhaustivos, por lo que asumimos que su densidad poblacional es muy baja, aunque cabe considerar que si no vocaliza puede resultar casi imperceptible.

Hemitriccus cinnamomeipectus.

Observamos, escuchamos y grabamos tres individuos en el interior de bosque denso cerrado, con cobertura muy densa de epifitas y musgos, sobre 1.600 m. En una ocasión, un individuo permaneció inmóvil y silencioso, posado casi en vertical, por más de un minuto; luego realizó un súbito ataque hacia abajo del follaje y no retornó a su percha anterior. Otro individuo al parecer estaba asociado a una bandada mixta, aunque su actividad era limitada. La bandada mixta estaba conformada por *Colaptes rubiginosus, Thamnophilus unicolor, Myiophobus roraimae, Snowornis subalaris, Pipra pipra, Turdus fulviventris, Diglossa glauca, Tangara arthus, T. xanthocephala, T. parzudakii, Anisognathus somptuosus, Iridosornis analis* y *Myioborus miniatus.* Existen apenas tres localidades en el país donde ha sido registrada, una de ellas fuera de la Cordillera del Cóndor (Ágreda *et al.* 2005).

Myiophobus roraimae.

Observado en dos ocasiones por JFF en bosque denso, forrajeando entre sotobosque y estrato medio (3–6 m de altura), en una ocasión asociado a una bandada mixta (ver arriba). Muy poco conocida, registrada en apenas dos localidades más (una en Kutukú, Robbins *et al.* 1987, y Chinapinza, más al norte en la Cordillera del Cóndor, Ridgely y Greenfield 2001).

Oxyruncus cristatus.

Especie frecuente en ambos sitios (5 y 8 registros en puntos de conteo en cada sitio), con alta actividad vocal. Observado en bandadas mixtas de dosel junto a *Colaptes rubiginosus, Philydor erythrocercum, Xenops rutilans, Xiphorhynchus triangularis, Terenura callinota, Diglossa glauca, Calochaetes coccineus, Chlorospingus flavigularis, C. canigularis* y *Euphonia xanthogaster.* En ocasiones inspeccionó hojas muertas colgantes y recolectó ítems alimenticios de la superficie superior de hojas grandes vivas, descolgándose desde la base de las mismas o volando frente a ellas.

Pipra pipra.

Registrado con frecuencia en ambos sitios, aunque al parecer más abundante en el Sitio 2, donde se capturaron seis individuos (versus 2 en el Sitio 1). De éstos, cuatro tenían plumaje de macho y dos plumajes de hembra. Adicionalmente, observado con frecuencia dentro de bosque cerrado entre 1.230–1.700 m. JFF identificó un lek integrado por dos a tres machos adultos (por plumaje). Uno de ellos repetía movimientos rápidos y directos entre ramas, empleando siempre las mismas ocho perchas, vocalizando constantemente (los otros dos individuos no estaban visibles); la distancia aproximada entre perchas era de 0,25–4 m. Separado por aproximadamente 4 metros se encontraba un grupo compacto de cinco individuos en plumaje de hembra (separados entre sí por 0,15–1 m), repitiendo movimientos rápidos y directos en las ramas más cercanas (generalmente dos o tres ramas). Este comportamiento de lek es al parecer más sencillo que en las tierras bajas amazónicas (N. Krabbe com. pers.). Asimismo, las vocalizaciones grabadas difieren, al menos cualitativamente, de aquellas reportadas de las tierras bajas (Moore *et al.* 2009). Ridgely y Greenfield (2001) sugieren que la subespecie *coracina,* a la cual se han asignado todas las poblaciones ecuatorianas, podría representar una especie válida. Sin embargo, también parecen existir diferencias morfológicas, vocales y etológicas entre las poblaciones de estribaciones y tierras bajas en Ecuador. Tal diversidad sugiere que la situación taxonómica de esta especie debe ser estudiada en profundidad.

Henicorhina leucoptera.

Frecuente en sotobosque de Bosque Denso Montano Alto hasta +1.700 m, cerca del paramillo. La abundancia relativa encontrada en puntos de conteo refleja únicamente su abundancia hasta 1.500 m; sin embargo, a partir de esta altitud se torna más abundante. Registrada principalmente en áreas de sotobosque muy denso pero también en zonas de sotobosque más abierto, en especial con alta cobertura de musgos. Parejas defendieron vocalmente territorios pequeños y contiguos, ocupando en algunos casos entre 5–10 m de frente. En algunas ocasiones observamos juveniles independientes, identificados por la ausencia de bandas alares (Krabbe y Sornoza 1994).

Piranga flava.

Dos especímenes fueron colectados en el Sitio 1 y varios individuos observados y grabados en este sitio. En el Sitio 2 fue al parecer menos frecuente. No se había reportado antes en la Cordillera del Cóndor, y existen escasos registros en la estribación suroriental (Ridgely y Greenfield 2001). Es probable que esté expandiendo su rango gracias al reemplazo de bosques extensos por mosaicos de arboledas y zonas abiertas.

Extensiones de distribución

Un total de 24 especies se registraron por primera vez en la región de los tepuyes del Nangaritza (Apéndice 5). Además, en la Tabla 6.4 mostramos las 53 especies cuya distribución se extiende hacia el sur de sus límites previamente conocidos o más allá de los límites altitudinales reportados (Ridgely y Greenfield 2006; J Freile. no publ.), modificando también en algunos casos los reportes de Balchin y Toyne (1998).

DISCUSIÓN

Los patrones de diversidad encontrados en ambas localidades son similares a aquellos reportados por otros autores en otras localidades en las Cordilleras del Cóndor y Kutukú (o Cutucú), ambos sistemas montañosos separados de los Andes por los valles bajos de los ríos Zamora y Upano, respectivamente (Robbins et al. 1987, Krabbe y Sornoza 1994, Schulenberg y Awbrey 1997). No obstante, existen diferencias en la composición de las avifaunas que requieren una revisión más detallada.

En la Cordillera del Kutucú, (Robbins *et al.* 1987) se registraron 165 especies en un campamento a una elevación similar a nuestros sitios de estudio (1.075–1.300 m). La similitud de las avifaunas es muy elevada. Existen 94 espe-

Tabla 6.4. Extensiones de distribución latitudinal y altitudinal de especies registradas en los Tepuyes de San Miguel de las Orquídeas, Nangaritza, Zamora Chinchipe, Ecuador.

Especie	Extensión	Rango anterior
Tinamus major	sur	hasta S Morona Santiago
Ibycter americanus	1200 m	hasta 800 m; hasta N Zamora Chinchipe
Megascops petersoni	1350 m	sobre 1700 m
Nyctiphrynus ocellatus	1230 m y sur	hasta 500 m; hasta C Morona Santiago
Chaetura egregia	1850 m	hasta 1000 m
Phaethornis malaris	1240 m	hasta 1000 m
Doryfera johannae	1830 m	hasta 1400 m
Phlogophilus hemileucurus	1830 m	hasta 1300 m
Urochroa bougueri	sur	hasta N Morona Santiago
Campylopterus largipennis	1300 m	hasta 1200 m
Pharomachrus antisianus	1300 m	sobre 1500 m
Trogon rufus	1270 m	hasta 700 m; hasta S Morona Santiago
Electron platyrhynchum	sur	hasta S Morona Santiago
Ramphastos tucanus	1200 m	hasta 900 m; hasta N Zamora Chinchipe
Piculus leucolaemus	sur	hasta S Morona Santiago
Automolus ochrolaemus	1250 m	hasta 800 m
Xenops minutus	1320 m	hasta 900 m
Xiphorhynchus ocellatus	1250 m	hasta 800 m
Xiphorhynchus guttatus	1300 m	hasta 700 m
Cymbilaimus lineatus	1250 m	hasta 1000 m
Myrmotherula longicauda	1200 m	hasta 1000 m
Terenura humeralis	1250 m	hasta 600 m; hasta C Morona Santiago
Schistocichla leucostigma	1550 m	hasta 1100 m
Hylophylax naevius	1200 m	hasta 1000 m
Dichropogon poecilinotus	1250 m	hasta 1100 m
Formicarius analis	1250 m	hasta 1000 m
Myrmothera campanisona	1300 m	hasta 1000 m
Elaenia obscura	1680 m	sobre 2150 m; principalmente Andes
Corythopis torquatus	1250 m	hasta 1000 m
Phylloscartes poecilotis	1250 m	hasta 1500 m
Tolmomyias flaviventer	1300 m	hasta 800 m
Lathrotriccus euleri	1500 m	hasta 1300 m
Colonia colonus	1250 m	hasta 1100 m
Oxyruncus cristatus	1350 m	hasta 900 m
Snowornis subalaris	1650 m	hasta 1400 m
Pipra pipra	1780 m	hasta 1500 m
Pipra erythrocephala	1200 m	hasta 1000 m
Piprites chloris	1300 m	hasta 1100 m
Vireolanius leucotis	1400 m	hasta 1100 m
Hylophilus hypoxanthus	1250 m	hasta 400 m; hasta C Morona Santiago
Cyanocorax yncas	1220 m	sobre 1300 m
Troglodytes solstitialis	1250 m	sobre 1500 m
Henicorhina leucosticta	1250 m	hasta 1000 m
Henicorhina leucoptera	1500 m	sobre 1700 m

continúa

Especie	Extensión	Rango anterior
Turdus albicollis	1350 m	hasta 1100 m
Hemispingus atropileus	1500 m	sobre 2250 m
Iridosornis analis	1220 m	sobre 1400 m
Tangara mexicana	1200 m	hasta 1000 m
Tangara schrankii	1250 m	hasta 1100 m
Tangara cyanotis	1300 m	sobre 1400 m
Arremon aurantiirostris	1250 m	hasta 1100 m
Cyanocompsa cyanoides	1230 m	hasta 1000 m
Psarocolius decumanus	1200 m	hasta 1000 m

cies comunes y 54 especies que también se han registrado en otros estudios en la Cordillera del Cóndor (Ahlman y Krabbe 2007, no publ.); además, existen 55 especies registradas en nuestro estudio que también se han reportado en Kutukú (N. Krabbe no publ.). Si además eliminamos de esta comparación especies fuera del rango altitudinal cubierto por Robbins *et al.*, especies de hábitat específicos (ej. *Cinclus leucocephalus*) registradas en Kutukú pero ausentes en nuestro estudio, así como especies migratorias y aves nocturnas que nosotros registramos (que al parecer no fueron incluidas en Robbins *et al.*), encontramos que la similitud entre ambos sitios es de hasta un 96%.

Apenas siete especies registradas por Robbins *et al.* (1987) no se han reportado en la Cordillera del Cóndor (nuestro trabajo y estudios previos). Una de ellas, *Pyrrhura melanura*, es al parecer la única ausencia genuina en la Cordillera del Cóndor, pese a tener una distribución extensa en la Amazonía ecuatoriana. Por otro lado, 42 de las 45 especies ausentes en Kutukú extienden su distribución hacia otras áreas de la Amazonía o de la estribación andina oriental (Ridgely y Greenfield 2001), lo cual sugiere que su ausencia de Kutukú puede reflejar más bien un muestreo todavía insuficiente. Únicamente tres especies: *Heliangelus regalis, Hemitriccus cinnamomeipectus* y *Henicorhina leucoptera* están auténticamente restringidas, en Ecuador, a la Cordillera del Cóndor. Robbins *et al.* (1987) encontraron mayores porcentajes de diferencia entre las comunidades de ambas cordilleras (9–10% de especies únicas) y sugieren que las diferencias en suelo y vegetación entre ambas cordilleras podrían explicar tal disimilitud. Sin embargo, la disparidad en intensidad de muestreo entre ambas cordilleras parece explicar mejor las diferencias reportadas por Robbins *et al.* Aun así, recomendamos investigar en mayor detalle los patrones de diversidad de ambas cordilleras.

En Perú, la distribución de estas tres especies (*Heliangelus regalis, Hemitriccus cinnamomeipectus* y *Henicorhina leucoptera*) no se limita a la Cordillera del Cóndor, pero a una muy reducida extensión de los Andes orientales a ambos lados de la depresión del río Marañón (Schulenberg *et al.* 2007). De este modo, el endemismo en la región de la Cordillera del Cóndor no parece ser provocado por aislamiento geográfico, ni por el efecto de barrera geográfica que cumple esta importante depresión de los Andes (Parker *et al.* 1985, Krabbe *et al.* 1998, Miller *et al.* 2007), sino por la existencia de hábitats únicos en los cuales se ha especializado un importante número de especies (Krabbe y Sornoza 1994, Long *et al.* 1996).

La mayor riqueza de especies encontrada en el Sitio 1 es consecuencia del mayor número de especies amazónicas (Tabla 6.3), debido a su menor elevación que permite la existencia de un bosque piemontano con características más semejantes a bosques de tierras bajas en la misma cuenca del río Nangaritza (Balchin y Toyne 1998). En este sitio, las especies principalmente amazónicas representaron un 51% de la comunidad, mientras en el Sitio 2 fue un 35%. Contrariamente, aunque el Sitio 2 también tuvo un componente amazónico importante, las especies características de pie de monte andino-amazónico representaron un porcentaje mayor (42%, contra 34% en el Sitio 1). Pese a la mayor altitud del Sitio 2 (casi 500 m de diferencia en la cota altitudinal máxima), el número de especies de estribaciones andinas fue similar entre ambos sitios (21 especies en el Sitio 1, 23 en el Sitio 2). Sin embargo, apenas 11 de estas especies son compartidas entre ambas localidades. Especulamos que al menos ocho especies andinas registradas en el Sitio 2 estarían genuinamente ausentes del Sitio 1, tomando en cuenta sus requerimientos de hábitat y su rango altitudinal (Ridgely y Greenfield 2001, J. Freile no publ.). Consideramos que la avifauna de estribación andina en los Tepuyes del Nangaritza es marginal, ya que la mayoría (30 de 33 especies) se encuentra en o cerca del límite altitudinal inferior de su rango. Es importante considerar, no obstante, que esta clasificación por pisos zoogeográficos no es categórica ya que varias especies pueden ocupar más de un piso zoogeográfico. Por ello, estos análisis deben estudiarse con atención para evitar interpretaciones imprecisas.

Más importante aún es la presencia de seis especies cuya distribución nacional está confinada a las Cordilleras del Cóndor y Kutukú, llamadas a partir de ahora restrictas (Tabla 6.3). El Sitio 2, por su elevación y su vegetación con características más montanas, albergó más especies restrictas (Tabla 6.5). Así, las tres especies restrictas ausentes del Sitio 1 se encontraron sobre 1400 m en el Sitio 2; es decir, sobre el máximo altitudinal del primer tepuy, y fueron relativamente más frecuentes por sobre esa altitud. Por ejemplo, en el Sitio 2 registramos dos individuos de *Heliangelus regalis* bajo 1300 m, cuatro individuos entre 1450–1550 m y siete individuos sobre 1.750 m, todos en un área reducida en la cumbre del tepuy, en Páramo Arbustivo. Además, dos de las tres especies restrictas compartidas entre ambos sitios (*H. regalis* y *Henicorhina leucoptera*), fueron más frecuentes en el Sitio 2, precisamente sobre 1.400 m, mientras que *Oxyruncus cristatus* fue más frecuente bajo 1.400 m.

Especie	Rango[1]	Sitio1	Sitio2
Heliangelus regalis	1250-1830 m	R	A
Phylloscartes superciliaris	1400-1600 m	-	A
Hemitriccus cinnamomeipectus	1600-1700 m	-	R
Myiophobus roraimae	1400-1550 m	-	R
Oxyruncus cristatus	1210-1300 m	A	F
Henicorhina leucoptera	1400-1750 m	A	F

Tabla 6.5. Rangos altitudinales y abundancias relativas de las especies restrictas a las cordilleras del Cóndor y Kutukú, registradas en dos localidades en los Tepuyes de San Miguel de las Orquídeas, Nangaritza, Zamora Chinchipe, Ecuador.
1.- Rangos altitudinales registrados en el campo.
Abundancias relativas: **F** (frecuente), **A** (algo común), **R** (raro); basados en los datos de puntos de conteo y en observaciones adicionales de campo.

Un 45% de la avifauna reportada en los Tepuyes del Nangaritza se considera restricto a bosques maduros y con alta sensibilidad a declinar o desaparecer si los bosques son modificados sustancialmente o eliminados (sensibilidad alta sensu Parker *et al.* 1996); mientras que, apenas un 8% tiene baja sensibilidad. Aunque la zona baja a los costados del río Nangaritza no se incluyó en esta investigación, datos generados por otros autores (Balchin y Toyne 1998, Ahlman y Krabbe 2007, no publ.) permiten compararla con la avifauna de los tepuyes. Así, un 30% de las especies de estas zonas bajas se consideran como exclusivas de bosque y altamente sensibles, mientras un 22% tolera zonas alteradas y tiene baja sensibilidad (Parker *et al.* 1996). Si bien la definición de especies indicadoras es controversial y requiere de un cuidadoso análisis caso por caso (Caro y O'Doherty 1999), las especies de bosque y poco tolerantes a la deforestación y fragmentación pueden considerarse como buenas evidencias del estado actual de conservación de los bosques y paramillos de los tepuyes y de su importancia de conservación, en comparación con los bosques de bajío. Son además esas especies las que sufrirán los mayores impactos de eventuales actividades extractivas y destructivas de estos ecosistemas únicos (Renjifo 1999). Con todo, esto no implica que la conservación de las zonas bajas sea menos relevante, como discutiremos más adelante.

Como es común en los bosques tropicales (Terborgh *et al.* 1990), las comunidades de aves en ambas localidades mostraron un alto porcentaje de especies raras, muchas de ellas amazónicas en su extremo altitudinal superior o andinas en su límite altitudinal menor. Entre las especies restrictas, endémicas de EBAs, amenazadas de extinción y "raras", las más abundantes (en puntos de conteo de ambas localidades) fueron *Myrmeciza castanea, Oxyruncus cristatus, Campylopterus villaviscencio* (NT), *Phlogophilus hemileucurus (NT), Henicorhina leucoptera* (NT) y *Phylloscartes gualaquizae.*

En términos generales la actividad vocal fue baja, particularmente en el Sitio 2, de manera similar a lo reportado por Krabbe y Sornoza (1994). Por ello, es probable que algunas especies hayan pasado desapercibidas, como lo sugieren también las curvas de acumulación de especies (Fig. 6.1). Curiosamente, nuestro estudio y aquel de Krabbe y Sornoza se realizaron en diferentes épocas del año. Mientras estos autores reportan que septiembre (mes de su trabajo de campo) es el mes más seco del año, nosotros trabajamos en abril, durante la estación de lluvias, cuando se esperaría una mayor actividad vocal relacionada a la época reproductiva. La coincidente baja actividad vocal, aunque difícil de interpretar, sugeriría que las especies en general tienen poblaciones bajas o, por el contrario, que no existe una época reproductiva fija, como sucede en otros bosques neotropicales.

En síntesis, como lo han demostrado estudios previos (Schulenberg y Awbrey 1997, Balchin y Toyne 1998, Aves & Conservación no publ.), la Cordillera del Cóndor—particularmente la región del río Nangaritza, alberga una diversidad de aves muy relevante. La combinación de avifaunas amazónicas, piemontanas y andinas con elementos restrictos a la región la convierten en una zona crítica para la conservación global y nacional. Desde el punto de vista ecuatoriano, por lo menos 10 especies dependen exclusivamente de los esfuerzos de conservación que se desarrollen en la zona, que contrarresten los inminentes peligros de la explotación minera a gran escala (Sandoval *et al.* 2001), que traería consecuencias devastadoras sobre los ecosistemas de bajíos y de tepuyes por igual.

RECOMENDACIONES PARA LA CONSERVACIÓN

Los Tepuyes del Nangaritza se encuentran protegidos por la Asociación San Miguel de las Orquídeas (ASMO), en convenio con el Ministerio del Ambiente del Ecuador. Esta protección se limita a las zonas altas de cada tepuy. Esta iniciativa es pertinente ya que la mayoría de especies restrictas de la cordillera del Cóndor (como *Phylloscartes gualaquizae, P. superciliaris, Hemitriccus cinnamomeiventris, H. rufigularis, Henicorhina leucoptera,* entre otras), varias de las cuales además se consideran amenazadas o casi amenazadas de extinción (incluyendo una especie globalmente En Peligro, *Heliangelus regalis*), están confinadas a las partes altas protegidas. Más aún, en un análisis de las necesidades de conservación en el país, (Freile y Rodas 2008) reportan que

P. superciliaris, H. cinnamomeipectus, H. leucoptera y *Wetmorethraupis sterrhopteron* (ver más abajo) no se encuentran protegidas por el Sistema Nacional de Áreas Protegidas (SNAP).

Si bien no contamos con información detallada del estado poblacional de la avifauna en la zona, especialmente de las especies amenazadas y restrictas, estimamos que la protección de estos tepuyes puede representar una estrategia fundamental para su conservación en el largo plazo. En términos generales, sus requerimientos de hábitat (fuentes de alimento, áreas de anidación, refugios) estarían cubiertos de modo apropiado en estas zonas de conservación. Aun así, es fundamental contar con censos poblacionales más específicos que permitan cuantificar las poblaciones de dichas especies en distintos tipos de bosque, determinar sus preferencias de hábitat y validar la efectividad de confinar la conservación solamente a las porciones más altas de los tepuyes, con los riesgos que eso pueda implicar sobre la zonas bajas no protegidas.

En la parte baja del valle del río Nangaritza la extracción selectiva de madera es, al parecer, intensa. Desde el estudio de Balchin y Toyne (1998), quienes reportan baja densidad de población humana en la zona y limitada extracción maderera, el panorama ha cambiado de modo importante. Esto puede tener consecuencias graves sobre la avifauna de esta zona que no se incluye en la iniciativa de conservación de la ASMO. Aunque la mayoría de especies presentes en la parte baja del área son frecuentes en la Amazonía, algunas aves amenazadas no reportadas en nuestro estudio —por encontrarse fuera del rango altitudinal investigado—podrían verse severamente afectadas. Entre ellas, *Galbula pastazae* (VU) y, particularmente, *Wetmorethraupis sterrhopteron* (VU) que no alcanza la zona de tepuyes, sino que se limita a bosques a menor elevación. Esta última especie, endémica de la región del Cóndor, podría tener una población importante en el valle del Nangaritza por lo que la relevancia global de la zona es alta. Ha sido observada en la zona de Shaime (Capper y Pereira 2007) y en la vía a Miazi (Marín *et al.* 1992, J. Freile, observ. pers.).

El desarrollo del aviturismo en la zona empezó por una iniciativa particular, motivada precisamente por la presencia de *Wetmorethraupis sterrhopteron.* El potencial de desarrollar este modo de turismo de naturaleza de bajo impacto es alto, y puede aportar mucho a los procesos de conservación en los Tepuyes del Nangaritza ya que es una industria que mueve cifras económicas importantes sin agotar los recursos de los cuales se vale (Sekerçioglu 2002, Greenfield *et al.* 2006). La posibilidad de observar con cierta facilidad de acceso y detección especies globalmente amenazadas, restrictas a la Cordillera del Cóndor y generalmente raras (ej. *Heliangelus regalis, Hemitriccus cinnamomeipectus, Myiophobus roraimae, Oxyruncus cristatus, Henicorhina leucoptera, W. sterrhopteron*) le brinda a los Tepuyes del Nangaritza un alto valor para el aviturismo. No obstante, es fundamental desarrollar una zonificación de usos para el turismo, designar zonas intangibles, brindar capacitaciones a la comunidad de Las Orquídeas e implementar procesos bien evaluados, ambientalmente responsables y sustentables.

La extracción minera de gran escala es quizá la mayor amenaza sobre toda la Cordillera del Cóndor, sin que la región de Nangaritza sea la excepción (Sandoval *et al.* 2001). Sus impactos sobre las aves, tanto raras como "comunes", pueden ser muy graves. El interés de los pobladores locales por desarrollar iniciativas de conservación en el área es un paso fundamental para una conservación efectiva frente a esta inminente amenaza. Es crítico facilitar los procesos de conservación en la zona para prevenir cambios en las decisiones de zonificación del área por parte de la comunidad de Las Orquídeas.

LITERATURA CITADA

Ágreda, A., J. Nilsson, L. Tonato, y H. Román. 2005. A New Population of Cinnamon-breasted Tody-tyrant *Hemitriccus cinnamomeipectus* in Ecuador. *Cotinga*, 24: 16–18.

Albuja, L. y T. de Vries. 1977. Aves Colectadas y Observadas Alrededor de la Cueva de los Tayos, Morona-Santiago, Ecuador. *Rev. Univ. Católica*, 16: 199–215.

Alonso, L. E., A. Alonso, T. S. Schulenberg, y F. Dallmeier (eds.). 2001. Biological and Social Assessments of the Cordillera de Vilcabamba, Peru. *RAP Working Papers*, 12. Conservation International. Washington, D.C.

Balchin, C. S. y E. P. Toyne. 1998. The Avifauna and Conservation Status of the Río Nangaritza Valley, Southern Ecuador. Bird Conserv. *Intern.* 8: 237–253.

Balmford, A. 2002. Selecting sites for conservation. *In*: Norris, K., y D. J. Pain (eds.). Conserving Bird Biodiversity. General Principles and their Application. *Conservation Biology Series, 7*, Cambridge University Press, Cambridge. Pp. 74–104.

Bibby, C. 2002. Why conserve bird diversity? *In*: Norris, K., y D. J. Pain (eds.). Conserving Bird Biodiversity. General Principles and their Application. *Conservation Biology Series, 7*, Cambridge University Press, Cambridge. Pp. 20–33.

Capper, D., y P. Pereira. 2007. Orange-throated Tanager, the easy way–the Cordillera del Cóndor in south-east Ecuador. Neotrop. Birding 2: 44–46.

Caro, T. M., y G. O'Doherty. 1999. On the Use of Surrogate Species in Conservation Biology. *Conserv. Biol.* 13: 805–814.

BirdLife International. 2009. The BirdLife Checklist of the Birds of the World, with Conservation Status and Taxonomic Sources. Version 1. Web site: http://www.birdlife.org/datazone/species.

Fitzpatrick, J. W., J. W. Terborgh, y D. E. Willard. 1977. A New Species of Wood-wren from Peru. *Auk*, 94: 195–201.

Fitzpatrick, J. W., D. E. Willard, y J. Terborgh. 1979. A New Species of Hummingbird from Perú. *Wilson Bull.*, 91: 177–186.

Fitzpatrick, J. W., y J. P. O'Neill. 1979. A New Tody-tyrant from Northern Peru. *Auk*, 96: 443–447.

Freile, J. F., y F. Rodas. 2008. Conservación de aves en Ecuador: ¿Cómo Estamos y Qué Necesitamos Hacer? *Cotinga*, 29: 48–55.

Furness, R. W., y J. J. D. Greenwood (eds.). 1993. Birds as Monitors of Environmental Change. Chapman and Hall. Londres.

Granizo, T., C. Pacheco, M. B. Ribadeneira, M. Guerrero, y L. Suárez (eds.). 2002. Libro Rojo de las Aves del Ecuador. Simbioe, Conservación Internacional, EcoCiencia, Ministerio de Ambiente y UICN. Quito.

Greenfield, P., O. Rodríguez, B. Krohnke, e I. Campbell. 2006. Estrategia Nacional para el Manejo y Desarrollo Sostenible del Aviturismo en Ecuador. Ministerio de Turismo, Corpei y Mindo Cloudforest Foundation. Quito.

Herzog, S., M. Kessler, y T. Cahill. 2002. Estimating Species Richness of Tropical Bird Communities from Rapid Assesment Data. *Auk* 119: 749–769.

Jadán, O. 2009. Evaluación Ecológica Rápida de la Vegetación en Dos Tepuyes en San Miguel de la Orquídeas, Zamora-Chinchipe, Ecuador. *En*: este reporte.

Krabbe, N., y F. Sornoza-Molina. 1994. Avifaunistic Results of a Subtropical Camp in the Cordillera del Condor, Southeastern Ecuador. *Bull. Brit. Ornithol. Club*, 114: 55–61.

Krabbe, N. y F. L. Ahlman. 2009. Royal Sunangel *Heliangelus regalis* at Yankuam Lodge, Ecuador. *Cotinga*, 31: 69

Krabbe, N., F. Skov, J. Fjeldså, e I. Krag Petersen. 1998. Avian Diversity in the Ecuadorian Andes. Centre for Research on Cultural and Biological Diversity of Andean Rainforests (DIVA), DIVA Technical Report no. 4. Rønde, Denmark.

Loaiza, J. M., A. F. Sornoza, A. E. Agreda, J. Aguirre, R. Ramos, y C Canaday. 2005. The Presence of Wavy-breasted Parakeet *Pyrrhura peruviana* Confirmed for Ecuador. *Cotinga*, 23: 37–38.

Long, A. J., M. J. Crosby, A. J. Stattersfield, y D. C. Wege. 1996. Towards a Global Map of Biodiversity: Patterns in the Distribution of Restricted-Range Birds. *Glob. Ecol. Biogeogr.*, 5: 281–304.

Lysinger, M., J. V. Moore, N. Krabbe, P. Coopmans, D. F. Lane, L. Navarrete, J. Nilsson, y R. S. Ridgely. 2005. The Birds of Eastern Ecuador I, the Foothills and Lower Subtropics. John V. Moore Nature Recordings. San Jose, CA.

Magurran, A. E. 2004. Measuring Biological Diversity. Blackwell Publishing, MPG Books Ltd, Cornwall, UK.

Marín M., J. M. Carrión, y F. C. Sibley. 1992. New Distributional Records for Ecuadorian Birds. *Ornitol. Neotrop.*, 5: 121–124.

Miller, M. J., E. Bermingham, y R. E. Ricklefs. 2007. Historical Biogeography of the New World Solitaires (*Myadestes*). *Auk,* 124: 868–885.

Moore, J. V., N. Krabbe, M. Lysinger, D. F. Lane, P. Coopmans, J. Rivadeneira, y R. S. Ridgely. 2009. The Birds of Eastern Ecuador, II: the Lowlands. John V. Moore Nature Recordings. San Jose, CA.

O'Dea, N., y R. J. Whittaker. 2007. How Resilient are Andean Montane Forest Bird Communities to Habitat Degradation? Biodiv. Conserv. 16: 1131–1159.

Parker, T. A., T. S. Schulenberg, G. R. Graves, y M. J. Braun. 1985. The Avifauna of the Huancabamba Region, Northern Peru. Ornithol. Monog. 36: 169–197.

Parker, T. A. III, D. F. Stotz, y J. W. Fitzpatrick. 1996. Ecological and Distributional Databases. *In*: Stotz, D. F., J. W. Fitzpatrick, T. A. Parker III, y D. K. Moskovits (eds.). Neotropical Birds, Ecology and Conservation. The University of Chicago Press. Chicago, IL. Pp. 115–436.

Remsen, J. V., Jr., C. D. Cadena, A. Jaramillo, M. Nores, J. F. Pacheco, M. B. Robbins, T. S. Schulenberg, F. G. Stiles, D. F. Stotz, and K. J. Zimmer. 2009. A classification of the bird species of South America. American Ornithologists' Union. http://www.museum.lsu.edu/~Remsen/SACCBaseline.html

Renjifo, L. M. 1999. Composition Changes in a Subandean Avifauna after Long-Term Forest Fragmentation. *Conserv. Biol.* 13: 1124–1139.

Ridgely, R. S., y P. J. Greenfield. 2001. The Birds of Ecuador. Cornell University Press. Ithaca, NY.

Ridgely, R. S., y P. J. Greenfield. 2006. Aves del Ecuador. Academia de Ciencias de Philadelphia y Fundación Jocotoco. Quito.

Ridgely, R. S., P. J. Greenfield, y M. Guerrero G. 1998. Una Lista Anotada de las Aves del Ecuador Continental. Fundación Ornitológica del Ecuador (CECIA). Quito.

Robbins, M. B., R. S. Ridgely, T. S. Schulenberg, y F. B. Gill. 1987. The Avifauna of the Cordillera de Cutucú, Ecuador, with Comparisons to other Andean Localities. *Proc. Acad. Nat. Sci. Phil.*, 129: 243–259.

Sandoval, F., J. Albán, M. Carvajal, C. Chamorro, y D. Pazmiño. 2001. Minería, Metales y Desarrollo Sustentable. Fundación Ambiente y Sociedad. Quito.

Schulenberg, T. S., y K. Awbrey (eds.). 1997. The Cordillera del Condor Region of Ecuador and Peru: a Biological Assessment. *RAP Working Papers, 7*. Conservation International. Washington, D.C.

Schulenberg, T. S., D. F. Stotz, D. F. Lane, J. P. O'Neill, y T. A. Parker III. 2007. Birds of Perú. Princeton University Press. New Jersey.

Sekerçioglu, C. H. 2002. Impacts of birdwatching on human and avian communities. *Environmental Conservation* 29 (3): 282–289.

Snow, B. K. 1979. The Oilbirds of Los Tayos. Wilson Bull. 91: 457–461.

Sokal, R. R. & F. J. Rohlf. 2003. Biometry: the principles and practice of statistics in biological research, 3 rd. Edition. W. H. Freeman & Company. New York.

Stattersfield, A. J., M. J. Crosby, A. J. Long, y D. C. Wege. 1998. Endemic Bird Areas of the World. Priorities for Biodiversity Conservation. BirdLife International. Cambridge, UK.

Terborgh, J., S. K. Robinson, T. A. Parker, C. A. Munn, y N. Pierpont. 1990. Structure and Organization of an Amazonian Forest Bird Community. *Ecol. Monogr.*, 60: 213–238.

Capítulo 7

Mamíferos de los Tepuyes de la Cuenca Alta del Río Nangaritza, Cordillera del Cóndor.

Carlos Boada Terán

RESUMEN

Como parte del Programa de Evaluaciones Ecológicas Rápidas (RAP) de Conservación Internacional, se realizó una evaluación de la diversidad, abundancia y estado de conservación de los mamíferos en dos localidades de la Cordillera del Cóndor. Esta cordillera ha sido muy poco estudiada. Incluye una amplia gama de pisos altitudinales que van desde los bosques de tierras bajas de la Amazonía hasta bosques de estribaciones y montanos por sobre los 3.000 m. El área de estudio se encuentra en la cuenca del río Nangaritza en el sur oriente de Ecuador, específicamente en el Área de Conservación Los Tepuyes. Se trabajó en dos localidades, Miazi Alto (Sitio 1; entre los 1.256 y 1.430 m) y Tepuy 2 (Sitio 2; entre los 1.200 y 1.850 m). Se registraron 65 especies de mamíferos pertenecientes a 10 órdenes, 24 familias y 52 géneros. Al nivel de órdenes, el más diverso fue Chiroptera con 18 especies que corresponden al 27.7% del total registrado. Al nivel de familias, la más diversa fue Phyllostomidae (Chiroptera), con 18 especies. Se capturaron 95 individuos de micromamíferos pertenecientes a 20 especies. La especie más abundante fue *Dermanura glauca* (Pi= 0.136) con 13 capturas. Tanto el Índice de diversidad de Simpson como el de Shannon indican una diversidad alta (S= 0.909; H'= 2.527; H'max= 2.995). De las 65 especies registradas, 59 fueron registradas en el Sitio 1 y 56 estuvieron presentes en el Sitio 2. Las dos localidades presentan 50 especies en común, mientras que nueve especies están presentes solo en el Sitio 1 y seis especies son únicas del Sitio 2. El índice de similitud de Sorensen (S = 0.869) y el de Jaccard (J = 0.769) muestran que ambas localidades son bastante parecidas en términos de diversidad. La mayor diferencia en cuanto a la presencia/ausencia de especies se dio dentro del orden Chiroptera pues de las 15 especies no compartidas, 10 corresponden a murciélagos. Se registraron 29 especies que se encuentran dentro de alguna categoría de amenaza, el 44.6% del total registrado. Dos especies, *Sturnira nana* y *Thomasomys* sp., se reportan por primera vez para el Ecuador.

SUMMARY

As part of the Conservation International's Rapid Assessment Program (RAP), the diversity, abundance, and conservation status of mammals were analyzed in two localities at the Cordillera del Condor, Ecuador. Covering a wide altitudinal gradient—ranging from Amazonian lowland forests to foothills and montane forests above 3000 m—this mountain range has been poorly studied. The study area is located on the Nangaritza river basin in southeastern Ecuador, in the Cordillera del Condor Tepuis Conservation Zone. We worked in two localities, Miazi Alto (Site 1, hereafter; 1256–1430 m) and in the Tepui forest (Site 2, hereafter; 1200–1850 m). We registered 65 species of mammals belonging to 10 orders, 24 families, and 52 genera. At the order level, Chiroptera was the most diverse taxon with 18 species (27.7% of the total reported). Phyllostomidae (Chiroptera) was the most diverse family. Ninety-five individuals (20 species) of micromammals were captured. The most abundant species was *Dermanura glauca* (Pi = 0.136), with 13 captures. The Simpson and the Shannon diversity indexes indicate that the two sampled sites are highly diverse (S = 0.909, H '= 2.527; H'max = 2.995). Of the 65 species registered, 59 were recorded in Sitio 1 and 56 were present in Site 2. Both locations have 50 species in common while 9 species are present only in Site 1 and only six species are unique to Site 2. The Sorensen (S = 0.869) and Jaccard (J = 0.769) similarity indexes show that both sites are quite similar in terms of diversity. The biggest difference in the presence/absence of species was within Chiroptera because of the 15 species not shared, 10 were bats. There were 29 species found within some threat category , 44.6% of the total reported. Two species, *Sturnira nana* and *Thomasomys* sp., are reported for the first time in Ecuador.

INTRODUCCIÓN

Los bosques montanos sudamericanos se inician en las estribaciones andinas y llegan a considerables altitudes. Han cobrado gran importancia dentro de los programas de conservación pues se reconoce que son áreas de alto nivel de diversidad y endemismo, aunque dichas afirmaciones se basan en estudios de aves (Cracraft 1985) y mariposas (Lamas 1982). Dichos centros de endemismo han sido considerados como representativos de antiguas áreas de refugio producidas por cambios climático-vegetacionales del Pleistoceno (Patton 1986). Pese a la poca información disponible, los bosques de los Andes tropicales han sido reconocidos como la ecoregión más importante para la conservación de la diversidad biológica a nivel mundial (Young y Valencia 1992, Myers *et al.* 2000).

La Cordillera del Cóndor es una de las zonas menos estudiadas del Ecuador, en parte por su inaccesibilidad. Esta cordillera incluye una amplia gama de pisos altitudinales que van desde los bosques de tierras bajas de la Amazonía hasta aquellos bosques de estribaciones y bosques montanos por sobre los 3.000 m. Este amplio gradiente altitudinal le confiere una alta diversidad de hábitats y por lo tanto una alta gama de nichos ecológicos que pueden ser aprovechados por diferentes especies.

La Cordillera del Cóndor se encuentra al suroriente del Ecuador y abarca las provincias de Morona Santiago y Zamora Chinchipe en la frontera con Perú, muy cerca de la depresión de Huancabamba. Se trata de uno de los fragmentos que forman las prolongaciones más orientales del sistema andino, conocido como Cordillera Oriental o Real de los Andes y de la Cordillera Central del Perú (Sauer 1965). Algunos la señalan como la tercera cordillera, al estar separada de la Oriental, propiamente dicha, por una gran y larga depresión, drenada por los ríos Nangaritza, Zamora y Upano (Schulenberg y Awbrey 1997). La Cordillera del Cóndor recibe las descargas de las nubes que se forman en la vertiente occidental de los Andes y que se deslizan a través de la depresión de Huancabamba. Esta característica, sumada al régimen de lluvias de la Amazonía, hace que la zona sea muy húmeda. De hecho, a diferencia de otros bosques montanos, no presenta una marcada estación seca. En la Cordillera del Cóndor prevalece la vegetación siempre verde en un paisaje montañoso dominado por mesetas de arenisca y capas subyacentes de muchas otras clases de roca (ITTO 2005).

Se han realizado algunos estudios sobre la flora y fauna de la Cordillera del Cóndor. A mediados de la década de los 70, se realizaron las primeras expediciones enfocadas en su fauna (Albuja y De Vries 1977). El estudio realizado por Conservación Internacional durante 1993 y 1994 (Schulenberg y Awbrey 1997), incluyó localidades tanto en territorio ecuatoriano como peruano. En ese estudio, las localidades visitadas en el Ecuador fueron Achupallas, Coangos y Miazi dentro de un rango altitudinal de 900–2100 m. En el sector peruano, las localidades visitadas fueron Comainas, Falso Paquisha, Alfonso Ugarte y Campamento Alto, dentro de un rango altitudinal de 665–1738 m.

En el año 2000, Fundación Natura, el Centro de datos para la Conservación (CDC) y la Fundación Arcoiris publicaron un documento sobre el diagnóstico socioeconómico y biofísico del Parque el Cóndor y su área de influencia. En ese estudio se presentan resultados sobre la diversidad de flora y fauna registrada en Numpatkaim y la confluencia de los ríos Tsuirim y Coangos (930–1350 m) en la vertiente oriental de la Cordillera del Cóndor. Finalmente, la Organización Internacional de las Maderas Tropicales, Fundación Natura y Conservación Internacional publicaron en el 2005 una recopilación de los datos obtenidos hasta ese momento en los diferentes estudios realizados en la zona, con el propósito de encontrar alternativas para la conservación en la región.

En el lado del territorio peruano, también se han llevado a cabo algunos estudios. Patton *et al.* (1982) realizaron varias investigaciones en diversas localidades del valle de los ríos Santiago y Cenepa (220 m) hasta la boca del río Comainas en Huampami y Kagka al oeste del valle del río Cenepa (800 m). Gracias a estos estudios, las tierras bajas en la base del lado peruano de la Cordillera del Cóndor constituyen una de las regiones del Perú mejor conocidas con respecto a su población de mamíferos (Schulenberg y Awbrey 1997) contrariamente a lo que sucede en el Ecuador.

En cuanto a la diversidad de mamíferos del Ecuador, 382 especies nativas han sido registradas (Tirira 2007). El orden con mayor diversidad dentro de los mamíferos ecuatorianos es Chiroptera que incluye a 143 especies, el 37.4% del total de mamíferos presentes en el país. El piso zoogeográfico con mayor diversidad es el trópico oriental, donde habitan 198 especies de mamíferos que representan el 81.8% del total de especies presentes en el Ecuador (Tirira 2007). De estas 198 especies, 95 son murciélagos, 14 son marsupiales y 39 son roedores.

Sin embargo, luego de la publicación del mencionado libro y como sucede en todos los países tropicales, se han registrado e incluso descrito especies nuevas. Esto indica que no se conoce el número real de especies de mamíferos presentes en el Ecuador, lo cual es particularmente cierto para los pequeños mamíferos y más aún en zonas desconocidas como la Cordillera del Cóndor. Por esto, el presente estudio adquiere más importancia para el aporte al conocimiento de los mamíferos del Ecuador y para la conservación de la zona.

En esta investigación, se presenta información sobre la diversidad y abundancia de los mamíferos dentro del área de estudio, se define el estado de conservación de los mamíferos registrados y se determinan los problemas y amenazas que estos tienen. Finalmente, se generan recomendaciones para el mantenimiento de la diversidad de mamíferos en la Cordillera del Cóndor.

MÉTODOS

Área de Estudio

El área de estudio se encuentra en la cuenca del río Nangaritza en el sur oriente del Ecuador dentro de la Cordillera del Cóndor, cantón Nangaritza, parroquia Zurmi, provincia de Zamora Chinchipe. Esta zona aun presenta una considerable cobertura vegetal por lo que su parte alta fue declarada como Bosque y Vegetación Protectora de la Cuenca Alta del Río Nangaritza (BVP-AN). Específicamente, la presente investigación fue realizada en el Área de Conservación Los Tepuyes que cuenta con una superficie de 4.231,9 ha y está administrada por la Asociación de Centros Shuar Tayunts y la Asociación de Trabajadores Autónomos San Miguel de las Orquídeas. Se trabajó en dos localidades, Miazi Alto (Sitio 1) y en el Tepuy 2 (Sitio 2), aledaños a la comunidad de San Miguel de Las Orquídeas. En el caso del Sitio 1, se encontraron dos formaciones vegetales: Bosque Denso Alto Piemontano y Bosque Chaparro en la zona más alta (CINFA *et al.* 2003). En esta localidad, el estudio se realizó dentro de un rango altitudinal entre los 1256–1430 m. En el Sitio 2, se trabajó específicamente en el área perteneciente a la comunidad de San Miguel de las Orquídeas. Aquí se encontraron tres formaciones vegetales: Bosque Denso Montano, Bosque Denso Pie Montano y Bosque Chaparro (CINFA *et al.* 2003). En este caso, el estudio abarcó un rango altitudinal de 1.200–1.850 m.

Metodología de trabajo

El estudio de campo se lo realizó del 7 al 20 de abril. En cada localidad se trabajó durante cinco días efectivos de campo. En las dos localidades de estudio se emplearon los mismos métodos.

Micromamíferos no voladores y Mesomamíferos:

En cada localidad se establecieron dos transectos para el estudio de micromamíferos no voladores y mamíferos de tamaño mediano (mesomamíferos). Cada transecto tuvo una longitud de 650 m. En cada transecto se colocaron 75 trampas sherman, 25 víctor y 7 tomahawk dispuestas en 13 estaciones separadas por 50 m. En cada sitio, las trampas estuvieron activas las 24 horas durante cinco días consecutivos. El esfuerzo de captura fue de 107 trampas/día y 12.840 h para cada localidad. Esto genera un esfuerzo final de 25.680 h de esfuerzo de captura para todo el estudio.

Micromamíferos voladores:

Para el estudio de micromamíferos voladores se utilizaron 15 redes de neblina en cada localidad de estudio. De éstas, cinco redes fueron ubicadas sobre lechos de ríos y las restantes 10 dentro del bosque. Las redes estuvieron abiertas entre las 18h00 y 06h00. En cada localidad, el esfuerzo de captura fue de 12 h red/noche y 900 h de trampeo, con un esfuerzo total de 1.800 h de trampeo.

Macromamíferos:

Para el estudio de mamíferos grandes, durante todos los recorridos de campo se buscaron huellas u otros rastros (sonidos, heces fecales, comederos, dormideros o senderos) de estas especies. También se realizaron entrevistas a los asistentes de campo usando las fotos e imágenes de varias publicaciones sobre mamíferos del Ecuador.

IDENTIFICACIÓN DE LOS EJEMPLARES CAPTURADOS

Todos los individuos capturados fueron identificados preliminarmente en el campo utilizando descripciones y claves (Albuja 1999, Tirira 2007). Las identificaciones definitivas se realizaron utilizando ejemplares almacenados en el Museo de Zoología de la Pontificia Universidad Católica (QCAZ) provenientes de otras localidades, así como descripciones y claves presentes en Gardner (2007).

RECOLECCIÓN DE EJEMPLARES

Se realizaron recolecciones de todos los micromamíferos capturados por cualquiera de los métodos antes descritos. De todos los ejemplares recolectados se tomaron las medidas morfométricas necesarias para una correcta identificación y su posterior ingreso a colecciones científicas. Así también, se identificó el sexo, edad sexual y condición reproductiva de todos los individuos capturados. Los ejemplares recolectados fueron preservados mediante dos métodos, ya sea su cuerpo entero en alcohol al 70% o preparando su piel y esqueleto. De cada uno de los individuos, se extrajo una muestra de tejido hepático y una muestra de tejido muscular, los mismos que fueron preservados en alcohol al 90% en tubos ependorf. Estos tejidos servirán para realizar extracción de material genético en futuras investigaciones a nivel molecular. Una vez en el QCAZ, los ejemplares recolectados fueron catalogados, curados y georeferenciados para posteriormente ser incorporados en la base de datos. Los cuerpos de los ejemplares ingresaron al dermestario para poder obtener su esqueleto completo totalmente libre de restos de tejido muscular. Todos los ejemplares y tejidos fueron depositados en el QCAZ.

ANÁLISIS DE DATOS

Como se mencionó anteriormente, los métodos utilizados varían de acuerdo al grupo de mamíferos, básicamente determinado por el tamaño (micro-, meso- y macromamíferos). El análisis fue independiente para los micromamíferos, tanto voladores como no voladores. Para los micromamíferos, se calcularon varias medidas de diversidad alfa, que se refiere a la riqueza de especies de una comunidad particular (Whittaker 1972), para lo cual se seleccionaron dos índices no paramétricos, el índice de diversidad de Simpson y el de Shannon. El primero, toma en cuenta la representación de las especies más abundantes y expresa la probabilidad de que dos individuos tomados al azar de una muestra sean de la misma especie. Este índice se basa en la abundancia proporcional de especies, considerando que una comunidad es más diversa mientras mayor sea el número de especies que la compongan, y mientras menor sea la dominancia de una especie con respecto a las demás (Magurran 2004, Peet 1974). El segundo mide el grado promedio de incertidumbre en predecir a qué especie pertenecerá un individuo de una colección escogido al azar (Magurran 2004, Peet 1974). Mientras más diverso es un sitio, el índice será más bajo. Para calcular el Índice de Simpson se usó la siguiente fórmula:

$$D = 1 - \sum Pi$$

D= Índice de diversidad de Simpson
Pi= abundancia proporcional de la especie i, es decir, el número de individuos de la especie i dividido entre el número total de individuos de la muestra.

Para calcular el Índice de Shannon, se utilizó la siguiente fórmula:

$$H' = \sum (Pi \ln Pi)$$

H'= Índice de Shannon
Pi= Abundancia relativa
ln= Logaritmo natural

Es importante señalar que, en este estudio, los índices utilizados para el análisis de los datos de diversidad consideran únicamente la diversidad y abundancia relativa de las especies registradas a través de captura y no por avistamiento de huellas u otros rastros como entrevistas y observación directa de individuos.

Tomando en cuenta que el estudio fue de corta duración, fue indispensable utilizar algún método que permita determinar el número máximo posible de especies que podrían ser registradas en el área. Se escogió el Índice $Chao_2$, un índice no paramétrico que permite determinar el número máximo posible de especies basado en el número de especies raras. La fórmula para este índice es: (Moreno 2001)

$$Chao_2 = S + \frac{L^2}{2M}$$

S= número de especies registradas en todas las muestras
L= número de especies registradas una sola vez
M= el número de especies registradas dos veces

Igualmente se calcularon algunas medidas de diversidad beta, esto se refiere a la diversidad entre hábitats o el grado de recambio de especies a través de gradientes ambientales (Whittaker 1972). Para esto, se utilizaron dos índices no paramétricos, el Índice de Similitud de Sorensen y el Índice de Similitud de Jaccard. Estos índices se basan en datos de presencia/ausencia, y expresan el grado en que dos muestras son semejantes en base al número de especies compartidas; es decir son medidas del cambio biótico entre localidades. Adicionalmente, con los datos de abundancia obtenidos, se realizó una prueba de verosimilitud (G-test) que permite comparar si las frecuencias observadas difieren de las esperadas por el azar. Esto permite determinar si existieron diferencias en el número de capturas por especie entre sitios de muestreo.

El Índice de Similitud de Sorensen presenta un rango de 0 (sin similitud) a 1 (similitud completa) y se aplica a través de la siguiente fórmula:

$$S = \frac{2c}{a+b}$$

Donde:
S = Índice de similaridad de Sorensen
c = número de especies comunes para ambas muestras
a = número de especies presentes en la muestra A
b = número de especies presentes en la muestra B

El Índice de Similitud de Jaccard presenta un intervalo de valores que va desde 0 cuando no hay especies compartidas entre ambos sitios, hasta 1 cuando los dos sitios tienen la misma composición de especies. Se aplica a través de la siguiente fórmula

$$J = \frac{c}{a+b-c}$$

Donde:
J = Índice de similaridad de Jaccard
a = número de especies presentes en el sitio A
b = número de especies presentes en el sitio B
c = número de especies presentes en ambos sitios A y B

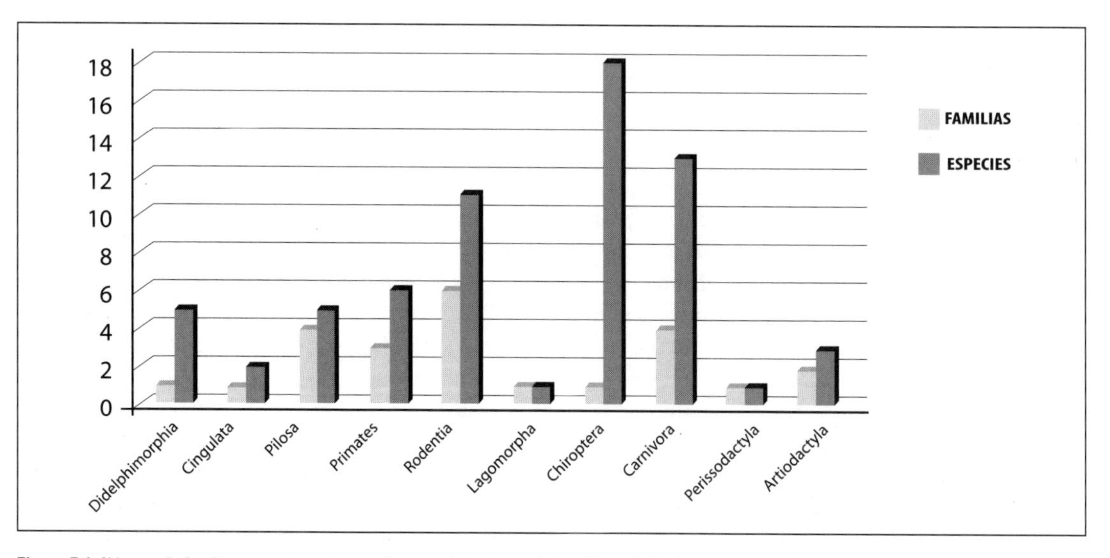

Figura 7.1. Número de familias y especies de mamíferos registradas en la Cordillera el Cóndor para cada orden.

Orden	Familia	Nº de Géneros	Nº de Especies	Porcentaje
Didelphimorphia	Didelphidae	5	5	7,69
Cingulata	Dasypodidae	2	2	3,08
Pilosa	Bradypodidae	1	1	1,54
	Megalonychidae	1	1	1,54
	Cyclopedidae	1	1	1,54
	Myrmecophagidae	2	2	3,08
Primates	Cebidae	4	4	6,15
	Aotidae	1	1	1,54
	Atelidae	1	1	1,54
Rodentia	Sciuridae	2	3	4,62
	Cricetidae	2	2	3,08
	Erethizontidae	1	1	1,54
	Caviidae	1	1	1,54
	Dasyproctidae	2	2	3,08
	Cuniculidae	1	2	3,08
Lagomorpha	Leporidae	1	1	1,54
Chiroptera	Phyllostomidae	9	18	27,69
Carnivora	Felidae	3	5	7,69
	Ursidae	1	1	1,54
	Mustelidae	3	3	4,62
	Procyonidae	4	4	6,15
Perissodactyla	Tapiridae	1	1	1,54
Artiodactyla	Tayassuidae	2	2	3,08
	Cervidae	1	1	1,54
TOTAL	1400-1750 m	52	65	100

Tabla 7.1. Órdenes, familias y número de géneros y especies de mamíferos registradas en las dos localidades.

RESULTADOS

Diversidad y abundancia

En total, se registraron 65 especies de mamíferos pertenecientes a 10 órdenes, 24 familias y 52 géneros (Tabla 7.1). Estas 65 especies corresponden al 17.0% de las especies registradas en el Ecuador y el 32.8% de las especies registradas en la Amazonía. A nivel de órdenes, el más diverso fue Chiroptera con 18 especies (27.7% del total registrado) distribuídas en una sola familia y nueve géneros. El siguiente orden con mayor diversidad fue Carnivora con 13 especies (20% del total registrado) distribuídas en cuatro familias y 11 géneros (Fig. 7.1; Apéndice 6.1 y Tabla 7.1). Al nivel de familias, la más diversa fue Phyllostomidae (Chiroptera), con 18 especies (Fig. 7.2, Apéndice 6.1 y Tabla 7.1).
En las dos localidades se capturaron 95 individuos de micromamíferos pertenecientes a 20 especies. De acuerdo al análisis de la abundancia relativa, *Dermanura glauca* fue la especie más abundante con 13 capturas (Pi = 0.136), seguida de *Carollia brevicauda* con 12 capturas (Pi = 0.126) y *Sturnira oporaphilum* con 10 capturas (Pi = 0.105) (Tabla 7.2, Fig. 7.3). Tanto el Índice de diversidad de Simpson como el de Shannon indican una diversidad alta (S = 0.909; H' = 2,527; H'max = 2.995). Sin embargo, es importante señalar que ambos índices utilizan para su cálculo la abundancia relativa (Pi), por lo tanto solo se basa en las especies capturadas (20 para el caso de este estudio).

De las 65 especies registradas, 59 fueron registradas en el Sitio 1 (Miazi Alto) y 56 estuvieron presentes en el Sitio 2 (Tepuy 2). Las dos localidades presentan 50 especies en común mientras que nueve especies están presentes solo en el sitio 1, y seis especies solo en el sitio 2 (Apéndice 6.1). El índice de similitud de Sorensen (S = 0.869) y el de Jaccard (J = 0.769) muestran que ambas localidades son bastante parecidas en términos de diversidad. La mayor diferencia en cuanto a la presencia/ausencia de especies se dio dentro del

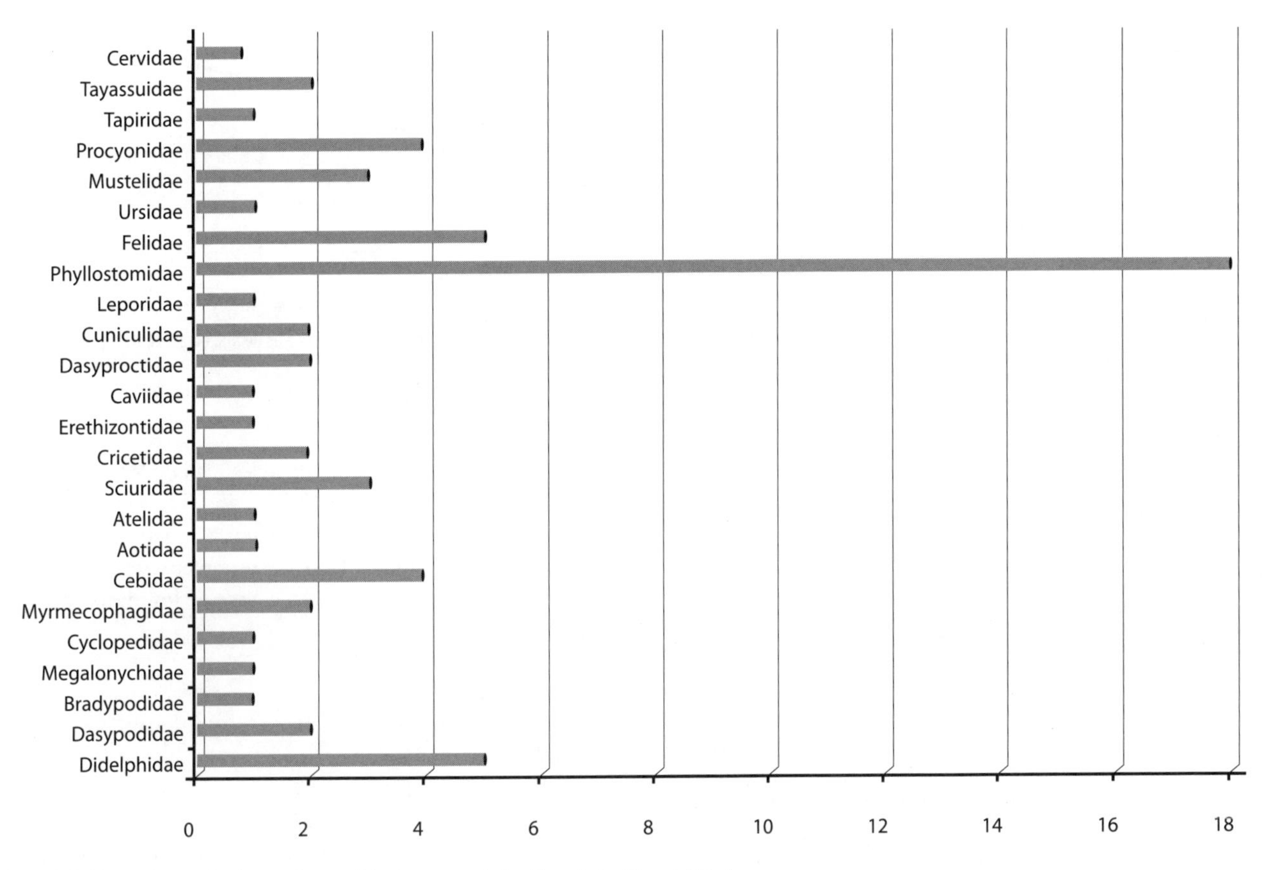

Figura 7.2. Número de especies de mamíferos registradas para cada familia en la Cordillera del Cóndor.

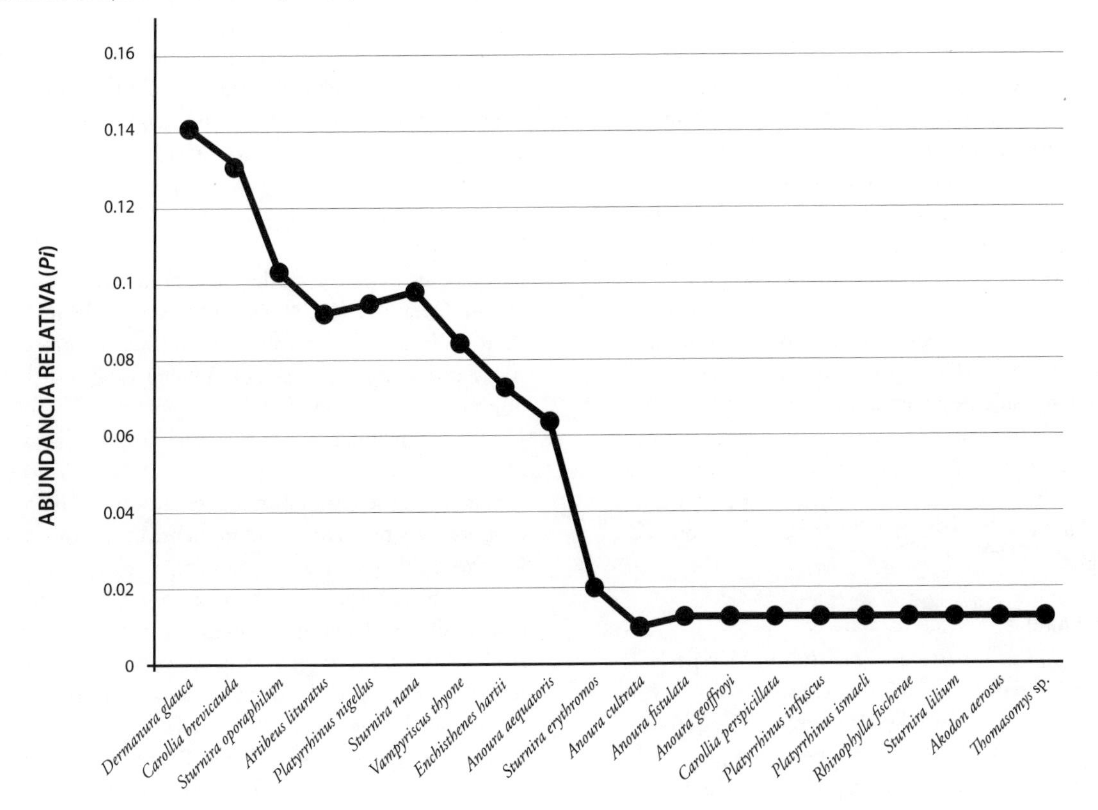

Figura 7.3. Abundancia relativa de las especies de micromamíferos registradas a través de captura en la Cordillera del Cóndor.

Especie	No. de capturas	Pi
Akodon aerosus	1	0,0105
Anoura aequatoris	6	0,0632
Anoura cultrata	1	0,0105
Anoura fistulata	1	0,0105
Anoura geoffroyi	1	0,0105
Dermanura glauca	13	0,1368
Artibeus lituratus	9	0,0947
Carollia brevicauda	12	0,1263
Carollia perspicillata	1	0,0105
Enchisthenes hartii	7	0,0737
Platyrrhinus infuscus	1	0,0105
Platyrrhinus ismaeli	1	0,0105
Platyrrhinus nigellus	9	0,0947
Rhinophylla fischerae	1	0,0105
Sturnira erythromos	2	0,0211
Sturnira lilium	1	0,0105
Sturnira nana	9	0,0947
Sturnira oporaphilum	10	0,1053
Thomasomys sp.	1	0,0105
Vampyriscus thyone	8	0,0842

Tabla 7.2. Abundancia relativa de las especies de micromamíferos registradas a través de captura en las dos localidades.

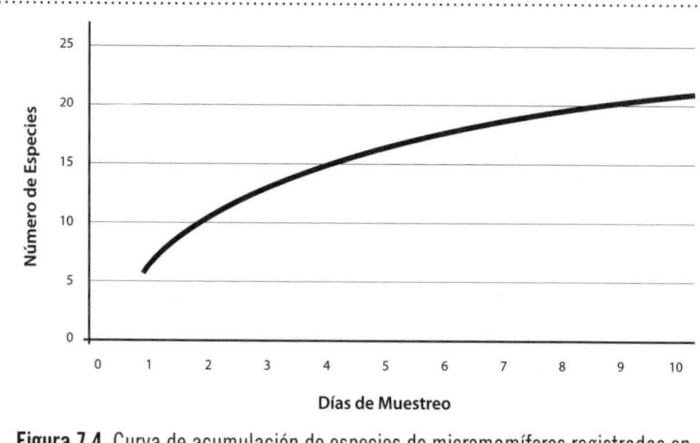

Figura 7.4. Curva de acumulación de especies de micromamíferos registradas en la Cordillera del Cóndor.

orden Chiroptera pues de las 15 especies no compartidas, 10 corresponden a murciélagos. Por esta razón, se consideró importante realizar las mismas pruebas de similitud pero utilizando únicamente los datos del orden Chiroptera. En este caso, el índice de similitud de Sorensen (S = 0.615) y el de Jaccard (J = 0.444) indican que las dos localidades estudiadas no son similares en la diversidad de los murciélagos.

La curva de acumulación de las especies, realizada únicamente para las especies registradas a través de capturas, no llega a una asíntota (Fig. 7.4), lo que indica que si el muestreo hubiera sido de mayor duración, se podría haber registrado mayor número de especies. Esto se corrobora con el resultado obtenido al calcular el índice $Chao_2$ que predice que, en el caso de murciélagos, en el área de estudio deberían existir 58 especies, es decir casi tres veces el número de especies registradas.

Sitio 1 (Miazi Alto)

En el primer sitio de muestreo, se registraron 59 especies de mamíferos pertenecientes a 10 órdenes, 24 familias y 49 géneros (Apéndice 6.1). La mayoría de especies registradas pertenecen al orden Chiroptera (15 especies), seguido del orden Carnivora (13 especies). Se capturó un total de 63 individuos. Las especies más abundantes fueron *Sturnira nana* y *Sturnira oporaphilum*, cada una con nueve capturas (*Pi* = 0.142). Tanto el Índice de diversidad de Simpson (S = 0.905) como el de Shannon (H' = 2.459; H'max = 2.833), indican una diversidad alta. Pese al gran esfuerzo de captura de micromamíferos no voladores, únicamente se capturaron dos individuos, mientras que en el caso de los murciélagos se capturaron 61 individuos.

Sitio 2 (Tepuy 2)

En el Tepuy 2, se registraron 56 especies de mamíferos pertenecientes a 10 órdenes, 23 familias y 49 géneros (Apéndice 6.1). En esta localidad, la mayoría de especies registradas corresponden al orden Carnivora, al igual que en el Sitio 1 con las mismas 13 especies. El siguiente orden en diversidad es Chiroptera (11 especies). *Dermanura glauca* fue la especie más común con nueve registros (*Pi* = 0.281) de un total de 32 individuos capturados. El índice de diversidad de Simpson (S = 0.845) y el de Shannon (H'= 1.847; H'max= 2.484) muestran una alta diversidad, pero menor a la registrada en el Sitio 1. En esta localidad no se capturaron micromamíferos no voladores.

Tipos de registros

De las 65 especies registradas, siete (10.8%) fueron por observación directa, 11 (16.9%) por observación de huellas u otros rastros, 27 (41.5%) a través de la información proporcionada en las entrevistas y 20 especies (30.8%) a través de la captura utilizando los métodos descritos (Apéndice 6.2). Entre las 11 especies incluídas por la observación de huellas, destacan *Dasypus novemcinctus*, *Dasyprocta fuliginosa* y *Cuniculus paca*, para las cuales se registraron una gran cantidad de pisadas, dormideros y pequeños caminos dentro del sotobosque.
La mayoría de las huellas registradas se encontraban cerca de pequeños cuerpos de agua mientras que los dormideros estaban dentro del bosque. El registro de las tres especies de félidos (*Leopardus pardalis*, *Panthera onca* y *Puma concolor*) se obtuvo a través de la identificación de sus pisadas. Cabe señalar que la diferenciación entre las pisadas de las dos últimas especies señaladas, fue realizada gracias a la ayuda del asistente de campo y fueron encontradas en lugares diferentes y bastante distanciados. Según esta persona local, la huella de *P. concolor* se trataba de un individuo juvenil y

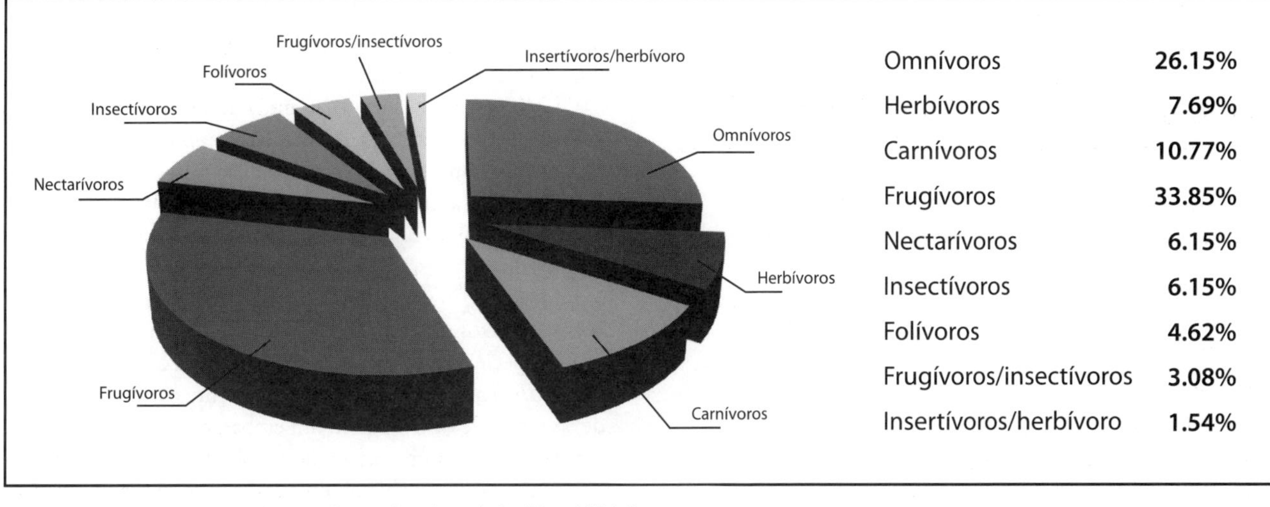

Figura 7.5. Gremios alimenticios de los mamíferos registrados en la Cordillera del Cóndor.

fue encontrada cerca de la orilla de un pequeño riachuelo donde estaban colocadas las trampas para captura de micromamíferos no voladores en el sitio 1. La pisada de *P. onca* al igual que la de *L. pardalis* fueron halladas dentro del bosque en los senderos utilizados para el desplazamiento del equipo en el sitio 2.

El registro de *Alouatta seniculus* se obtuvo a través de vocalizaciones escuchadas en la zona alta del Sitio 2 (Tepuy 2). Las pisadas de Mazama americana fueron frecuentes tanto en zonas altas sin contacto con cuerpos de agua, como en zonas cercanas a esteros. En el caso del registro de *Tremarctos ornatus* y de *Tapirus terrestris*, se registró únicamente una pisada de cada especie en el Sitio 1 (Miazi Alto). Sin embargo a través de las entrevistas sabemos de su presencia en el Sitio 2. Finalmente, se observaron varias pisadas y comederos de *Tayassu pecari*.

En cuanto a las especies que fueron registradas a través de su observación directa, la raposa semiacuática, *Chironectes minimus*, fue encontrada en la rivera de un río cerca del campamento del Sitio 1. Un grupo de aproximadamente 13 individuos de *Saimiri sciureus* fue observado dentro del bosque en el sendero que llevaba hasta el lugar donde estaban ubicadas las trampas para roedores en el Sitio 1. Las ardillas *Sciurus granatensis* y *Microsciurus flaviventer* fueron detectadas en ambos sitios y varias ocasiones cuando trepaban y saltaban entre las ramas de árboles de distintos tamaños. Fue muy común observar *Sylvilagus brasiliensis* principalmente en la zona alta del sitio 2. *Potos flavus* fue observado en varias ocasiones y en ambos sitios cuando se iba a revisar las redes colocadas para atrapar murciélagos. Además, siempre se lo podía ver en un árbol de guayaba cercano al campamento en el Sitio 2. Finalmente, *Eira barbara* fue observado cruzando la carretera muy cerca de llegar al poblado de San Miguel de las Orquídeas.

Aspectos ecológicos

Se encontraron siete gremios alimenticios (definidos en Tirira 2008; Apéndice 6.2), de los cuales el más diverso fue el de los frugívoros con 22 especies (33.9% del total registradas). Otro gremio importante fue el de los Carnívoros con siete especies (10.8% del total). Adicionalmente, se registraron dos especies, *Saguinus fuscicollis* y *Cebus albifrons* (Primates), que son tanto frugívoros como insectívoros, así como la especie *Microsciurus flaviventer* (Rodentia) que es tanto insectívoro como herbívoro (Apéndice 6.2; Fig. 7.5).

Endemismo

No se registraron especies endémicas durante el presente estudio.

Categorías de amenaza

Se registraron 29 especies que se encuentran dentro de alguna categoría de amenaza según la UICN (2009) o dentro del convenio internacional del control de tráfico ilegal de vida silvestre (CITES 2009). Estas 29 especies representan el 44.6% del total de especies registradas. El orden que incluye a más especies dentro de estas categorías es Carnivora con 10 especies (Tabla 7.3).

Registros notables

En Miazi Alto (Sitio 1) se capturaron nueve individuos de *Sturnira nana*. En el Ecuador se han reportado 11 especies en el género *Sturnira*, de las cuales siete han sido registradas dentro del rango altitudinal y geográfico del presente estudio. Sin embargo, *Sturnira nana*, la especie más pequeña del género, era endémica de Perú pues sólo había sido registrada en el centro del país en Ayacucho, San José y Huanhuachayu, siendo esta última la localidad tipo (Gardner 2007). Después de su descripción (Gardner y O'Neill 1971) la especie no había vuelto a ser capturada. Con la adición de esta especie para el Ecuador, el género *Sturnira* estaría representado por 12 especies en el país.

Tabla 7.3. Estado de conservación de las especies de mamíferos registradas en las dos localidades.

Género/especie	UICN Global (2009)	UICN Nacional (Tirira, 2001)	CITES (2009)
Caluromys lanatus		DD	
Chironectes minimus		NT	
Bradypus variegatus			II
Cyclopes didactylus		DD	
Myrmecophaga tridactyla	NT	DD	II
Saguinus fuscicollis	NT		
Aotus lemurinus	VU	DD	
Microsciurus flaviventer	DD		
Cuniculus paca			III
Cuniculus taczanowskii	NT	NT	
Anoura cultrata	NT		
Anoura fistulata	DD		
Platyrrhinus ismaeli	VU		
Sturnira nana	EN		
Sturnira oporaphilum	NT		
Leopardus pardalis		NT	I
Leopardus tigrinus	VU	VU	I
Leopardus wiedii	NT	NT	I
Panthera onca	NT	VU	I
Puma concolor		VU	I
Tremarctos ornatus	VU	EN	I
Lontra longicaudis	DD	VU	I
Eira barbara			III
Nasua nasua			III
Potos flavus			III
Tapirus terrestris	VU	NT	II
Pecari tajacu			II
Tayassu pecari	NT		
Mazama americana	DD		

UICN:
Casi amenazado (**NT**); vulnerable (**VU**); datos insuficientes (**DD**); en peligro (**EN**)
CITES:
Apéndice I, II y III (**I, II, III**)

Se capturaron seis individuos de *Anoura aequatoris*, cinco de ellos en Miazi Alto y uno en el Tepuy 2. Esta especie era referida como un sinónimo o subespecie de *A. caudifer*. Mantilla y Baker (2006) la consideran como una especie válida y en Ecuador solo se conocía de su localidad tipo: Gualea, provincia de Pichincha. Sin embargo, se necesita una revisión del complejo *caudifer* en Ecuador, reidentificando el material ecuatoriano depositado en los diferentes museos, pues pueden estar identificados como *A. caudifer*, siendo realmente *A. aequatoris* (Tirira 2007). Por esta razón, aun no se pueden establecer los límites de la distribución de estas dos especies en el Ecuador.

En Miazi Alto, se capturó un individuo de *Anoura fistulata*. Está especie fue descrita por Muchhala *et al.* (2005) y era considerada como una especie endémica para el Ecuador, que habitaba en las estribaciones a ambos lados de los Andes entre los 1060–2880 m. Sin embargo, Mantilla y Baker (2008) registraron a esta especie en Llorente, Nariño, Colombia.

En Miazi Alto se capturó un roedor del género *Thomasomys*. La taxonomía de este género es muy compleja. La única especie de *Thomasomys* reportada para la zona de estudio es *Thomasomys baeops*, especie bastante común dentro de su rango de distribución. Sin embargo, de acuerdo a la experiencia de campo, así como las observaciones en colecciones de museos de historia natural, el individuo colectado no pertenece a esta especie. Se presume que puede ser alguna especie de los clados recientemente definidos para Perú que aun se encuentran en revisión (Pacheco 2003).

Finalmente, de acuerdo a las entrevistas realizadas, en el área es común la especie *Cuniculus taczanowskii*, roedor que de acuerdo a la literatura se encuentra únicamente sobre los 2000 m. Lo mismo sucede con *Hydrochaerus hydrochaeris*, la cual sólo se ha registrado por debajo de los 900 m. Sin embargo, al tratarse de datos generados a través de entrevistas, estos deben ser confirmados a futuro.

DISCUSIÓN

De acuerdo al reporte de ITTO (2005), el número de especies de mamíferos en la Cordillera del Cóndor llegaría a 142. Este dato se basa en una recopilación basada en los estudios realizados hasta ese año, tanto en territorio ecuatoriano como peruano. Sin embargo, durante esta investigación se registraron 12 especies que aun no habían sido reportadas en ninguno de los estudios anteriores, es decir un incremento del 8.5%.

Se puede considerar que este número de especies demuestra una alta diversidad de la cordillera, ratificada por los índices de diversidad obtenidos. Sin embargo, la gran mayoría de las especies registradas son de influencia amazónica y pocas especies corresponden a tierras altas (no existen especies endémicas). El conocimiento de la diversidad seguramente se incrementará si se realizan estudios en zonas de mayor altitud (sobre los 2500 m) y de mayor duración.

En el caso del orden Chiroptera, llama la atención el hecho de que todas las especies reportadas en la presente investigación (18 entre los 2 sitios) estén incluidas en la familia Phyllostomidae. Sin embargo, en los diferentes estudios realizados, se da este mismo patrón. En el estudio realizado por Conservación Internacional entre 1993 y 1994, se reportan 21 especies de murciélagos de tres localidades de muestreo (Anexo 1). Todas estas especies pertenecen a la familia Phyllostomidae (Schulenberg y Awbrey 1997). De las 18 especies reportadas en esta investigación, 8 fueron registradas en el estudio de Schulenberg y Awbrey (1997), mientras que las otras 11 no fueron registradas; en el mismo estudio, se reportan 13 especies no encontradas en esta oportunidad.

De igual manera, el reporte presentado por Fundación Natura, CDC y Fundación Arcoiris (2000) incluye a siete especies de murciélagos, todas dentro de la familia Phyllostomidae. En este caso, de las siete especies reportadas, cuatro no fueron registradas por Schulenberg y Awbrey (1997) y cuatro no fueron listadas en el presente estudio.

Los resultados presentados por ITTO (2005), reportan nueve especies de murciélagos pertenecientes a cuatro familias (Emballonuridae, Phyllostomidae, Thyropteridae y Vespertilionidae). Sin embargo, ese informe presenta los resultados de los muestreos en varias localidades entre 310 y 1690 m, considerablemente a menor altitud que los sitios muestreados en esta investigación. De las nueve especies registradas, ocho no fueron listadas por Schulenberg y Awbrey (1997) mientras que siete no fueron reportadas en el presente estudio.

En el caso de los trabajos realizados en territorio peruano (Patton et al. 1982; Schulenberg y Awbrey 1997), se reportan 45 especies de murciélagos pertenecientes a cuatro familias, siendo Phyllostomidae la más común. De estas 45 especies, tres no han sido reportadas para el Ecuador: *Dermanura cinereus, Vampyriscus brocki* y *Vampyressa pusilla.* De las 42 especies restantes, 15 no fueron registradas en el Ecuador dentro de los trabajos realizados en la Cordillera del Cóndor pero si han sido reportadas en otras localidades. La presencia de estas especies es esperada en la Cordillera del Cóndor del lado ecuatoriano.

En el caso de los micromamíferos no voladores, la captura fue extremadamente baja tomando en cuenta el esfuerzo de muestreo. Sin embargo, es importante destacar que pese a haber capturado únicamente dos individuos de dos especies en el primer sitio de muestreo, una de ellas es nueva para la fauna del Ecuador (*Thomasomys* sp.). El estudio Schulenberg y Awbrey (1997), reporta nueve especies registradas a través de captura con trampas, entre ellas *Akodon aerosus* registrada también en este trabajo. Sin embargo, no se menciona con exactitud cuántos individuos fueron capturados.

En la investigación realizada por Fundación Natura, CDC y Fundación Arcoiris (2000), sucede algo similar a lo observado en este trabajo en relación a la baja tasa de captura obtenida, pues se indica que se capturaron apenas tres individuos en cerca de 900 trampas cebadas durante el estudio. Estos tres individuos corresponden a tres especies y en este caso no reportan a *Akodon aerosus.*

De acuerdo al reporte de ITTO (2005), en Cóndor Mirador, ubicado a una altitud de 1.750 m, se capturaron varios individuos (no se indica el número exacto), de un ratón del género *Thomasomys*, aunque se indica que su identificación se encuentra en proceso. No se puede conocer si se trata de la misma especie reportada en este trabajo. Finalmente, los diferentes estudios realizados en territorio peruano (Patton *et al.* 1982, Schulenberg y Awbrey 1997), indican la presencia de 27 especies de micromamíferos no voladores. De estas 27 especies, dos no han sido reportadas en el Ecuador (*Micoureus demerarae* y *Oecomys concolor*).

CONCLUSIONES

- Con los resultados obtenidos en el presente estudio, la diversidad de mamíferos presentes en la Cordillera del Cóndor alcanza un total de 147 especies (Anexo 1). Sin embargo, es claro que el conocimiento de la zona, en términos de diversidad, es aún incompleto.

- Con los todos los datos obtenidos de los estudios hechos en Ecuador, la diversidad de murciélagos en la Cordillera del Cóndor asciende a 42 especies distribuídas en cuatro familias. Sin embargo, de acuerdo a la predicción de $Chao_2$, para el caso de murciélagos, este número aún subestima la diversidad esperada.

- Derivada de la conclusión anterior, es necesario utilizar diferentes metodologías para el registro de murciélagos, que por su forma de vuelo son difíciles de capturar utilizando redes de neblina convencionales. Por lo tanto, se recomienda el uso de redes de dosel y trampas harpa en estudios subsiguientes.

- Durante este estudio, de las dos especies registradas de roedores, una es nueva para el Ecuador. Esto es un indicativo de que falta mucho por conocer de la diversidad de micromamíferos no voladores de la zona.

- Al igual que en el caso de los murciélagos, el bajo número de capturas de micromamíferos no voladores registradas en este estudio se puede deber al tipo de trampas utilizadas. En futuros estudios sería recomendable utilizar trampas pitfall, y aunque su metodología es muy complicada, se recomienda la implementación de transectos de dosel.

- Tomando en cuenta los diferentes estudios, en el lado ecuatoriano de la Cordillera del Cóndor, el número de especies de micromamíferos no voladores sería de al menos 10 especies.

- El hecho de haber registrado 29 especies dentro de alguna categoría de amenaza, indica la importancia de la zona en términos de conservación de la biodiversidad. Por lo tanto, es imprescindible continuar con el desarrollo del parque binacional entre Ecuador y Perú, para consolidar la conservación de la zona.

- Es necesario realizar estudios más detallados de especies que pueden ser consideradas como "especies banderas" dentro del área, como por ejemplo el oso de anteojos o el jaguar. Con un mayor conocimiento sobre estas especies, se pueden generar acciones de conservación más llamativas para las comunidades del sector.

RECOMENDACIONES

- Por los resultados obtenidos en el estudio, resulta imprescindible que se formalice la conservación de la zona de Los Tepuyes a través de una declaratoria de área protegida comunitaria.
- Una vez con la declaración del área, es importante realizar el respectivo plan de manejo ambiental.
- Se debe implementar una red de guardaparques comunitarios.
- La diversidad registrada, el número de especies en peligro así como los registros importantes indica que la zona es muy relevante en temas de conservación en el Ecuador. Por lo tanto, desde el punto de vista científico es importante realizar más estudios en la zona.

LITERATURA CITADA

Albuja, L. 1999. Murciélagos del Ecuador. 2da edición. Cicetrónic Cia. Ltda. Quito.

Albuja L. y T. de Vries. 1977. Aves colectadas y observadas alrededor de la Cueva de Los Tayos, Morona-Santiago, Ecuador. *Revista de la Universidad Católica*, 16:199–215.

Centro Integrado de Geomática Ambiental, Herbario de la Universidad Nacional de Loja, Municipio de Nangaritza y Programa Podocarpus (CINFA). 2003. Zonificación Ecológica-socioeconómica del Cantón Nangaritza. Loja. Ecuador.

CITES. 2009. Convention on International Trade in Endangered Species of Wild Fauna and Flora. Appendices I, II y III. Web site: www.cites.org.

Cracraft, J. 1985. Historical biogeography and patterns of differentiation within the South American avifauna: areas of endemism. *Ornithological Monogr.*, 36: 49–84.

Fundación Natura, Centro de Datos para la Conservación y Fundación Arcoiris. 2000. Diagnóstico Biofísico del Parque el Cóndor. Quito.

Gardner, A. y J. O´Neill. 1971. A new species of *Sturnira* (Chiroptera: Phyllostomidae) from Perú. *Occasional Papers of the Museum of Zoology, Luisiana State University*, 42:1–7.

Gardner, A. (Ed). 2007. Mammals of South America, Volume 1, Marsupials, Xenarthrans, Shrews and Bats. The University of Chicago Press, Chicago and London.

Lamas, G. 1982. A preliminary zoogeographical division of Peru based on butterfly distributions (Lepidoptera, Papilionoidea). *En*: Prance, G.T. (Ed). 1982. Biological diversity in the tropics. Columbia University Press, New York. Pp. 336–357

Magurran, A.E. 2004. Measuring biological diversity. Blackwell Science. USA.

Mantilla, H. y R. Baker. 2006. Systematics of Small *Anoura* (Chiroptera: Phyllostomidae) from Colombia, with Description of a New Species. Occasional Papers. *Museum of Texas Tech University*, No. 261.

Mantilla, H. y R. Baker. 2008. Mammalia, Chiroptera, Phyllostomidae, *Anoura fistulata*: Distribution extension. *Check List*, 4: 427–430.

Moreno, C.E. 2001. Métodos para medir la biodiversidad. M&T–Manuales y Tesis SEA, vol. 1, Zaragoza.

Muchhala, N., P. Mena-Valenzuela y L. Albuja. 2005. A new species of *Anoura* (Chiroptera: Phyllostomidae) from the Ecuadorian Andes. *Journal of Mammalogy*, 86: 457–461.

Myers, N., R.A. Mittermeier, C.G. Mittermeier, G.A.B da Fonseca y J. Kent. 2000. Biodiversity hotspots for conservation priorities. *Nature*, 403:853–858.

Organización Internacional de las Maderas Tropicales, Fundación Natura y Conservación Internacional. 2005. Paz y conservación binacional en la Cordillera del Cóndor Ecuador-Perú. TRAMA, Quito, Ecuador.

Pacheco, V. 2003. Phylogenetic analyses of the Thomasomyini (Muroidea: Sigmodontinae) based on morphological data. Unpublished Ph. D. thesis. The City Univesity on New York, New York.

Patton, J., B. Berlin, y E.A. Berlin. 1982. Aboriginal perspectives of a mammal community in Amazonian Perú: Knowledge and utilization patterns among the Aguaruna Jívaro. *In*: Mares, M.A. y H.H. Genoways (Eds.). *Mammalian biology in South America*. Pymatuning Symposia in Ecology No. 6. Pp. 111–128.

Patton, J. 1986. Patrones de distribución y especiación de fauna de mamíferos de los Bosques Nublados Andinos del Perú. *An. Mus. Hist. Nat. Valparaiso*, 17: 87–94.

Peet, R.K. 1974. The measurement of species diversity. *Annual Review of Ecology and Systematics*, 5: 285–307.

Sauer, W. 1965. Geología del Ecuador. Ed. Ministerio de Educación. Quito. Ecuador.

Schulenberg, T y K. Awbrey (Eds.). 1997. The Cordillera del Cóndor Region of Ecuador and Peru: A Biological Assessment. Conservation International. Department of Conservation Biology. Washington.

Tirira, D. 2007. Guía de campo de los Mamíferos del Ecuador. Ediciones Murciélago Blanco. Publicación especial sobre los mamíferos del Ecuador 6. Quito.

IUCN 2009. IUCN Red List of Threatened Species. Version 2009.1. Disponible en: www.iucnredlist.org (Consulta: 26 Julio 2009).

Whittaker, R.H. 1972. Evolution and measurement of species diversity. *Taxon*, 21(2/3): 213–251.

Young, K.R. y N. Valencia. 1992. Introducción: Los bosques Montanos en el Perú. *En*: Young K.R. y N. Valencia (Eds.). 1992. Biogeografía, Ecología y Conservación del Bosque Montano en el Perú. *Memorias del Museo de Historia Natural U. N. M. S. M. Lima.*

Apéndice 1

Lista de las especies de plantas de los Tepuyes de la Cuenca Alta del Río Nangaritza, Cordillera del Cóndor.

Oswaldo Jadán y Zhofre Aguirre Mendoza

Apéndice 1.1

FAMILIAS	Especies	Sitios de muestreo		Voucher
		Tepuy 1	Tepuy 2	
		Hábito	Hábito	
ACANTHACEAE				
	Sanchezia skutchii Leonard & L.B. Sm.	Aa		HLOJA
ALSTROEMERIACEAE				
	Bomarea sp.		L	HLOJA
ANNONACEAE				HLOJA
	Anaxagorea sp.	Ar		HLOJA
	Crematosperma megalophyllum R. E. Fr.		Aa	HLOJA
	Unonopsis sp.1	Ar		HLOJA
	Unonopsis sp.2	Ar		HLOJA
AQUIFOLIACEAE				
	Ilex rimbachii Standl.		Aa	HLOJA
	Ilex sp.1	Ar		HLOJA
	Ilex sp.2		Ar	HLOJA
	Ilex sp.3		Ar	HLOJA
ARACEAE				
	Anthurium ovatifolium Engl.	H		HLOJA
	Anthurium scandens (Aubl.) Engl.	H.e		HLOJA
ARALIACEAE				
	Schefflera sp.1	Ar		HLOJA
	Schefflera sp.2		Aa	HLOJA
	Schefflera sp.3		Aa	HLOJA
ASTERACEAE				
	Baccharis brachylaenoides DC.		Aa	HLOJA
	Lepidaploa canescens (Kunth) H. Rob.		Aa	HLOJA
	Mikania sp.		L	HLOJA
	Piptocoma discolor (Kunth) Pruski		Ar	HLOJA
	Senecio sp.		Aa	HLOJA
BROMELIACEAE				
	Chevaliera veitchii	H		HLOJA
	Guzmania gracilior (André) Mez		H	HLOJA
	Guzmania marantoidea (Rusby) H. Luther	H		HLOJA
	Guzmania sp.1	H		HLOJA

continúa

FAMILIAS	Especies	Sitios de muestreo		Voucher
		Tepuy 1	Tepuy 2	
		Hábito	Hábito	
	Stelis sp.		H	HLOJA
	Tillandsia asplundii L.B. Smith	H		HLOJA
BURSERACEAE				
	Dacryodes sp. nov	Ar		HLOJA
CAMPANULACEAE				
	Centropogon sp.		Aa	HLOJA
CAPRIFOLIACEAE				
	Viburnum sp.		Ar	HLOJA
CELASTRACEAE				
	Maytenus sp.2	Aa		HLOJA
CLUSIACEAE				
	Clusia elliptica Kunth	Ar	Ar	HLOJA
	Clusia flavida (Benth) Pipoly	Ar	Ar	HLOJA
	Clusia sp.		Ar	HLOJA
	Symphonia globulifera L. f.	L		HLOJA
	Tovomita weddelliana Planch. & Triana	Aa		HLOJA
DIOSCOREACEAE				
	Dioscorea sp.		L	HLOJA
DRYOPTERIDACEAE				
	Elaphoglosum sp.		H	HLOJA
ERICACEAE				
	Bejaria aestuans L.		Aa	HLOJA
	Cavendishia bracteata (Ruiz & Pav. ex J. St. - Hil.) Hoerold	L	Aa	HLOJA
	Cavendishia sp.1		L	HLOJA
	Cavendishia sp.2		L	HLOJA
	Gaultheria sp.	L		HLOJA
	Psammisia aberrans A. C. Sm.		Aa	HLOJA
	Psammisia sp.1	L	Aa	HLOJA
	Psammisia sp.2		L	HLOJA
	Thibaudia floribunda Kunth		Aa	HLOJA
EUPHORBIACEAE				
	Hyeronima asperifolia Pax & K. Hoffm.		Ar	HLOJA
	Sapium sp.	Ar		HLOJA
GENTIANACEAE				
	Macrocarpaea innarrabilis J. R. Grant	Aa		HLOJA
	Macrocarpaea subsessilis Wearei & J.R. Grant		Aa	HLOJA
	Macrocarpaea harlingii J. S. Pringle	Aa		HLOJA
	Macrocarpea sp.		Aa	HLOJA
GESNERIACEAE				
	Alloplectus cf *grandicalyx* J.L. Clark & L. E. Skog		H	HLOJA
	Alloplectus sp.	H		HLOJA
	Gasteranthus sp.	Aa		HLOJA
	Paradrymonia sp.	H		HLOJA
HUMIRIACEAE				
	Humiriastrum mapirense Cuatrec.	Ar		HLOJA

continúa

FAMILIAS	Especies	Sitios de muestreo		Voucher
		Tepuy 1	Tepuy 2	
		Hábito	Hábito	
LAURACEAE				
	Persea weberbaueri Mez.		Aa	HLOJA
LORANTHACEAE				
	Phoradendron chrysocladon Gray		P	HLOJA
	Phoradendron sp.1		P	HLOJA
	Phoradendron sp.2		P	HLOJA
	Psittacanthus sp.	P		HLOJA
MELASTOMATACEAE				
	Clidemia capitellata (Bonpl.) D. Don		Aa	HLOJA
	Clidemia sp.	Aa		HLOJA
	Eugenia sp.		Ar	HLOJA
	Graffenrieda emarginata (Ruiz & Pav.) Triana		Ar	HLOJA
	Huberia peruviana Cogn.	Aa		HLOJA
	Melastomataceae 1.	Ar		HLOJA
	Melastomataceae 1.	Aa		HLOJA
	Meriania hexamera Sprague	Ar		HLOJA
	Miconia cf. *capitellata* Cogn.		Aa	HLOJA
	Miconia punctata (Desr.) D. Don ex DC.		Ar	HLOJA
	Miconia sp.1	Aa		HLOJA
	Miconia sp.2	Aa		HLOJA
	Phainantha shuariorum C. Ulluoa & D.A. Neill	L		HLOJA
	Tibouchina sp.	L		HLOJA
	Tococa sp.1	Aa		HLOJA
	Tococa sp.2		Aa	HLOJA
MELIACEAE				
	Guarea sp.	Ar		HLOJA
MONIMIACEAE				
	Mollinedia repanda Ruiz & Pav.		Aa	HLOJA
	Siparuna schimpffii Diels	Aa		HLOJA
MYRSINACEAE				
	Ardisia sp.1		Ar	HLOJA
	Ardisia sp.2		Aa	HLOJA
	Cybianthus marginathus (Benth.) Pipoly	Ar	Aa	HLOJA
	Geissanthus sp.		Ar	HLOJA
MYRTACEAE				
	Eugenia orthostemon O.Berg		Ar	HLOJA
	Eugenia sp.		Ar	HLOJA
	Myrtaceae		Aa	HLOJA
NYCTAGINACEAE				
	Neea ovalifolia Spruce ex J. A. Schmidt		Ar	HLOJA
OCHNACEAE				
	Outarea sp.		Aa	HLOJA
ORCHIDACEAE				
	Dracula rezekiana		H.e	HLOJA
	Elleanthus ampliflorus Schltr.		H.e	HLOJA

continúa

FAMILIAS	Especies	Sitios de muestreo		Voucher
		Tepuy 1	Tepuy 2	
		Hábito	Hábito	
	Elleanthus graminifolius (Barb. Rodr.) Løjtnant		H.e	HLOJA
	Elleanthus strobilifer (Poepp. & Endl.) Rchb. f.		H	HLOJA
	Epidendrum cochlidium Lindl.		H.e	HLOJA
	Epidendrum macrostachyum Lindl.		H.e	HLOJA
	Masdevallia mendozae Luer		H.e	HLOJA
	Maxillaria aurea (Poepp. & Endl.) L. O. Williams	H.e	H.e	HLOJA
	Maxillaria sp.1	H.e		HLOJA
	Maxillaria sp.1		H.e	HLOJA
	Pleurothallis ruberrima Lindl.		H.e	HLOJA
	Sobralia crocea (Poepp. & Endl.) Rchb. f.		H	HLOJA
	Stelis pachyphyta		H.e	HLOJA
PIPERACEAE				
	Peperomia sp.	H.e		HLOJA
POACEAE				
	Neurolepis elata (Kunth) Pilg.		H	HLOJA
RUBIACEAE				
	Amphidasya colombiana (Standl.) Steyerm.	Aa		HLOJA
	Cinchona sp.1	Aa		HLOJA
	Cinchona sp.2		Aa	HLOJA
	Faramea coerulescens Sch. & Krause		Aa	HLOJA
	Faramea uniflora Dwyer & M.V. Hadyen	Aa		HLOJA
	Ferdinandusa guainiae Spruce ex K. Schum.	Ar		HLOJA
	Notopleura vargasiana C.M. Taylor		Ar	HLOJA
	Pagamea dudleyi Steyerm.		Ar	HLOJA
	Palicourea demissa		Aa	HLOJA
	Psychotria alleni		Ar	HLOJA
	Psychotria deflexa	Ar		HLOJA
	Psychotria epiphytica Krause	L		HLOJA
	Stilpnophyllum grandifolium L. Anderson	Ar		HLOJA
	Stilpnophyllum oellgaardii L. Andersson		Aa	HLOJA
SYMPLOCACEAE				
	Symplocos fuscata B. Stahl		Aa	HLOJA
THEACEAE				
	Ternstroemia circumscissilis Kobusky		Ar	HLOJA
VERBENACEAE				
	Aegiphilla sp.	Aa		HLOJA
VISCACEAE				
	Dendrophtora ambigua Kuijt	P		HLOJA
	Phoradendron crassifolium (Pohl ex DC.) Eichler.	P		HLOJA
	Phoradendron sp.1	P		HLOJA
INDETERMINADO				
	Indeterminado 1.	H.e		HLOJA
	Indeterminado 2.	Ar		HLOJA
Total		**58**	**75**	

Aa: Arbusto, **Ar:** Árbol, **L:** Liana, **H:** Hierba, **H.e:** Hierba epífita, **P:** Parásita.

Apéndice 1.2

FAMILIAS	Especies	Tepuy 1 (1200 -1400 msnm)			Tepuy 2 (1600-1850 msnm)			Categoría IUCN
		Hábito			Hábito			
		Ar	Aa	H	Ar	Aa	H	
ACANTHACEAE								
	Sanchezia skutchii Leonard & L.B. Sm		X					
ACTNIDACEAE								
	Saurauia bullosa Wawra in Mart.		X					
	Saurauia pseudostrigillosa Busc.		X					LC. Preocupación menor
ALSTROEMERIACEAE								
	Bomarea pardina Herb.						X	
ANACARDIACEAE								
	Tapirira guianensis Aubl.				X			
ALZATEACEAE								
	Alzatea verticillata Ruiz & Pav.	X						
ANNONACEAE								
	Cremastosperma megalophyllum R.E. Fr.					X		
	Guatteria sp1.	X						
	Rollinia sp.	X			X			
APOCYNACEAE								
	Aspidosperma laxiflorum Kuhlm.	X						
AQUIFOLIACEAE								
	Ilex rimbachii Standl.				X			
	Ilex gabrielleana Loizeau & Spichiger					X		
	Ilex yurumanguinis Cuatrec.				X			
	Ilex sp.	X			X			
ARACEAE								
	Anthurium aulestii Croat			X			X	
	Anthurium grubbii Croat			X			X	
	Anthurium mindense Sodiro			X			X	
	Anthurium ovatifolium Engl.			X				
	Anthurium oxybelinm Schott.			X			X	
	Anthurium scandens (Aubl.) Engl.			X			X	
	Anthurium sp.			X			X	
	Rhodospatha latifolia Poeppig			X			X	

continúa

FAMILIAS	Especies	Tepuy 1 (1200 -1400 msnm)			Tepuy 2 (1600-1850 msnm)			Categoría IUCN
		Hábito			Hábito			
		Ar	Aa	H	Ar	Aa	H	
ARALIACEAE								
	Dendropanax sp.		X					
	Schefflera sp.	X	X		X			
ARECACEAE								
	Iriartea deltoidea Ruiz & Pavón	X			X			
	Wettinia maynensis Burret	X						
	Dictyocaryum lamarckianum (Mart.) H. Wendl.				X			
	Wettinia sp.				X	X		
ASTERACEAE								
	Lepidaploa canescens (Kunth) H. Rob.		X					
BLECHNACEAE								
	Blechnum sp.					X		
BROMELIACEAE								
	Chevaliera veitchii (Baker) E. Morren			X			X	
	Guzmania garciaensis Rauh			X			X	
	Guzmania gracilior (André) Mez.						X	
	Guzmania marantoidea (Rusby) H. Luther			X				
	Guzmania sp.1			X			X	
	Guzmania sp.2			X				
	Tillandsia asplundii L.B. Smith			X				
BURSERACEAE								
	Dacryodes cupularis Cuatrec.	X						
	Dacryodes peruviana (Loesener) J.F. Macbride.	X						
	Dacryodes sp. nov.	X						
CAMPANULACEAE								
	Centropogon sp.					X		
CLETHRACEAE								
	Clethra fimbriata Kunth					X		
	Clethra sp.				X			
CLORANTHACEAE								
	Hedyosmun cf. *sprucei* Solms					X		
	Hedyosmun sp.				X			

continúa

FAMILIAS	Especies	Tepuy 1 (1200 -1400 msnm)			Tepuy 2 (1600-1850 msnm)			Categoría IUCN
		Hábito			Hábito			
		Ar	Aa	H	Ar	Aa	H	
CAPRIFOLIACEAE								
	Viburnum sp.		X					
CECROPIACEAE								
	Cecropia sp.	X						
	Coussapoa sp.	X						
	Pourouma guianensis Aublet	X						
	Pouruma cf. *bicolor* Mart.	X						
CHRYSOBALANACEAE								
	Couepia sp.	X						
CLUSIACEAE								
	Clusia cf. *ducoides* Engl.					X		
	Clusia alata Planch. & Triana					X		
	Clusia flavida (Benth) Pipoly		X					
	Clusia haughtii Cuatrec.	X						
	Clusia latipes Planch. & Triana				X			
	Clusia pallida Engl.	X						
	Clusia sp.1	X			X			
	Clusia sp.2					X		
	Clusia sp.3					X		
	Clusia weberbaueri Engl.				X	X		
	Clusiella cf. *elegans* Plach & Triana	X						
	Garcinia sp.					X		
	Geissanthus sp.	X						
	Tovomita sp.	X			X			
	Tovomita weddelliana Triana & Planch.	X			X			
	Vismia sp.				X			
	Vismia tomentosa Ruiz & Pav.	X				X		
COSTACEAE								
	Costus scaber Ruiz & Pav.			X			X	
CUNONIACEAE								
	Weinmannia elliptica H. B. K.		X		X	X		

continúa

FAMILIAS	Especies	Tepuy 1 (1200 -1400 msnm)			Tepuy 2 (1600-1850 msnm)			Categoría IUCN
		Hábito			Hábito			
		Ar	Aa	H	Ar	Aa	H	
	Weinmannia glabra L.f.	X				X		
CYATHEACEAE								
	Cyathea sp.	X						
CYCLANTHACEAE								
	Asplundia sp.		X			X		
CYRILLACEAE								
	Purdiaea nutans Planch.				X			
DRYOPTERIDACEAE								
	Diplazium sp.			X			X	
	Elaphoglossum ciliatum (C. Presl) T. Moore			X			X	
	Elaphoglossum sp.1			X			X	
	Elaphoglossum sp.2			X			X	
ERICACEAE								
	Cavendishia bracteata (Ruiz & Pav. ex J. St. - Hil.) Hoerold					X		
	Cavendishia sp.1					X		
	Cavendishia sp.2					X		
	Disterigma alaternoides (Kunth in H. B. K.) Nied.					X		
	Macleania sp.1					X		
	Macleania sp.2					X		
ERIOCAULACEAE								
	Paepalanthus ensifolius(Kunth) Kunth						X	
ERYTHROXYLACEAE								
	Erythroxylum sp.				X			
EUPHORBIACEAE								
	Alchornea glandulosa Poepp.	X						
	Alchornea grandiflora Mull Arg.				X			
	Alchornea pearcei Britton	X			X	X		
	Aparisthimium cordatum(A. Juss.) Baillon	X						
	Croton sp.1		X			X		
	Croton sp.2				X			
	Croton sp.3				X			

continúa

FAMILIAS	Especies	Tepuy 1 (1200 -1400 msnm)			Tepuy 2 (1600-1850 msnm)			Categoría IUCN
		Hábito			Hábito			
		Ar	Aa	H	Ar	Aa	H	
	Hyeronima duquei Cuatrec.	X	X					
	Hyeronima cf. *oblonga* (Tul.) Muell. Arg.		X					
	Hyeronima macrocarpa Muell. Arg.				X			
	Mabea nitida Spruce ex Benth.	X						
FABACEAE								
	Andira sp.				X			
	Dussia sp.				X			
	Fabaceae				X			
	Lonchocarpus cf. *seorsus* (J.F. Macbr.) M. Sousa ex D.A. Neill, Klitgaard & G.P. Lewis	X						
	Lonchocarpus seorsus (J.F. Macbr.) M. Sousa ex D.A. Neill, Klitgaard & G.P. Lewis	X						
	Ormosia amazonica Ducke	X						
	Ormosia sp.				X			
GENTIANACEAE								
	Macrocarpaea harlingii J.S. Pringle					X		VU. Vulnerable
	Macrocarpaea sp.				X			
GESNERIACEAE								
	Allopectus sp.			X			X	
	Alloplectus panamensis C. V. Morton						X	
	Besleria sp.		X					
GRAMMITIDACEAE								
	Grammitis sp.			X				
HELICONIACEAE								
	Heliconia sp.1			X				
	Heliconia sp.2			X				
HUMIRIACEAE								
	Humiriastrum diguense (Cuatrec.) Cuatrec	X			X			
	Humiriastrum mapirense Cuatrec.	X			X			
ICACINACEAE								
	Citronella silvatica Cuatr.		X					
LAURACEAE								

continúa

FAMILIAS	Especies	Tepuy 1 (1200 -1400 msnm)			Tepuy 2 (1600-1850 msnm)			Categoría IUCN
		Hábito			Hábito			
		Ar	Aa	H	Ar	Aa	H	
	Aniba formosa A.C.Sm.		X					
	Aniba riparia (Nees) Mez	X			X			
	Beilschmiedia sp.					X		
	Beilschmiedia sulcata (Ruiz & Pav.) Kosterm.	X				X		
	Cinnamomum sp.					X		
	Endlicheria sericea Nees	X			X	X		
	Lauraceae				X			
	Nectandra cissiflora Nees	X	X					
	Ocotea aciphylla (Nees) Mez	X						
	Persea caerulea (Ruiz & Pav.) Mez	X						
	Persea cf. *bullata* Kopp				X			NT. Casi Amenazada
	Persea weberbaueri Mez.					X		
LINACEAE								
	Roucheria laxiflora H. Winkl.				X			
MALPHIGUIACEAE								
	Byrsonima sp.				X			
MARCGRAVIACEAE								
	Marcgravia sp.	X			X			
MELASTOMATACEAE								
	Blakea cf.*portentosa* Wurdack		X					
	Centronia laurifolia D. Don	X	X					
	Clidemia sp.			X			X	
	Graffenrieda emarginata (Ruiz & Pav.) Triana	X			X	X		
	Graffenrieda harlingii Wurdack	X				X		VU. Vulnerable
	Graffenrieda sp.	X			X			
	Maieta sp.			X			X	
	Meriania cf. *hexamera* Sprague	X						
	Meriania sp.	X			X			
	Meriania tomentosa (Cogn.) Wurdack					X		
	Meriania furvanthera Wurdack					X		VU. Vulnerable
	Miconia capitellata Cogn.		X					
	Miconia punctata (Desr.) D. Don ex DC.	X	X			X	X	

continúa

FAMILIAS	Especies	Tepuy 1 (1200 -1400 msnm)			Tepuy 2 (1600-1850 msnm)			Categoría IUCN
		Hábito			Hábito			
		Ar	Aa	H	Ar	Aa	H	
	Miconia quadripora Wurdack					X		
	Miconia reburrosa Wurdack					X		NT. Casi Amenazada
	Miconia sp.1	X	X		X			
	Miconia sp.2		X			X		
	Miconia sp.3		X			X		
	Miconia sp.4					X		
	Miconia trinervia(Sw.) D. Don ex Loudon		X					
	Salpinga maranonensis Wurdack		X					
	Tibouchina lepidota(Bonpl.) Baill.					X		
	Tibouchina sp.		X					
	Tococa sp.		X	X			X	
	Topobea sp.		X					
	Topobea cf. *pittieri* Cong.		X					
MELIACEAE								
	Guarea cf. *guidonea* (L.) Sleumer	X						
	Guarea sp.	X						
	Ruagea insignis (C.DC.) Pennington	X						
	Thichilia sp.1	X				X		
	Trichilia claussenii C. DC.				X			
	Tri*chilia pleeana* (A. Juss.) C. DC.		X					
	Trichilia sp.2		X					
MIMOSACEAE								
	Mimosaceae				X			
MORACEAE								
	Brosimum sp.				X			
	Clarisia racemosa Ruiz & Pav.	X						
	Ficus sp.	X						
MYRISTICACEAE								
	Iryanthera juruensis Warb.	X						
	Otoba glycycarpa (Ducke)W.A. Rodrigues & T.S.Jaram.	X						
	Virola peruviana (A. DC.) Warb.	X						
MYRSINACEAE								

continúa

FAMILIAS	Especies	Tepuy 1 (1200 -1400 msnm)			Tepuy 2 (1600-1850 msnm)			Categoría IUCN
		Hábito			Hábito			
		Ar	Aa	H	Ar	Aa	H	
	Ardisia guianensis (Aubl.) Mez	X						
	Cybianthus marginathus(Benth.) Pipoly					X		
	Geissanthus sp.					X		
	Myrsine andina (Mez.) Pipoly	X	X					
	Myrsine sp.					X		
	Stylogyne sp.		X			X		
MYRTACEAE								
	Eugenia biflora (L.) DC.					X		
	Eugenia sp.1	X			X			
	Eugenia sp.2	X						
	Eugenia sp.3	X						
	Myrcia sp.	X			X			
	Myrcianthes discolor (Kunth.) Mc Vaugh.				X			
	Myrcianthes sp.	X			X			
	Myrtaceae				X			
NYCTAGINACEAE								
	Neea ovalifolia Spruce ex J. A. Schmidt	X						
	Neea sp.1		X		X			
	Neea sp.2	X						
ORQUIDACEAE								
	Elleanthus sp.			X			X	
	Epindendron sp.						X	
	Pleuropthallis sp.						X	
PIPERACEAE								
	Peperomia alata Ruiz & Pav.			X			X	
	Peperomia duidana Trel.			X			X	
	Peperomia sp.			X			X	
	Piper cf. *umbellatum* L.		X					
	Piper sp.		X	X			X	
	Peperomia cf. *acuminata* Ruiz & Pav.						X	

continúa

FAMILIAS	Especies	Tepuy 1 (1200 -1400 msnm)			Tepuy 2 (1600-1850 msnm)			Categoría IUCN
		Hábito			Hábito			
		Ar	Aa	H	Ar	Aa	H	
PODOCARPACEAE								
	Podocarpus oleifolius D.Don	X						
	Podocarpus sp.					X		
	Podocarpus tepuiensis Buchholz & Gray, N.				X			
POLYPODIACEAE								
	Grammitis sp.						X	
	Polypodium sp.1						X	
	Polypodium sp.2						X	
ROSACEAE								
	Prunus debilis Koehne	X						
	Prunus sp.	X				X		
POACEAE								
	Neurolepis elata (Kunth) Pilg.						X	
	Olyra latifolia L.					X		
RUBIACEAE								
	Amphidasya colombiana (Standl.) Steyerm.		X					
	Cinchona sp.1 sp. nov		X					
	Cinchona sp.2 sp. nov					X		
	Elaeagia sp.		X			X		
	Faramea caerulescens K. Schum & K. Krause					X		
	Faramea quinqueflora Poepp. & Endl.		X					
	Faramea sp.				X			
	Faramea uniflora Dwyer & M.V. Hadyen		X					
	Ferdinandusa guainiae Spruce ex K. Schum					X		
	Notopleura vargasiana C.M. Taylor		X					
	Pagamea dudleyi Steyerm.	X	X			X		
	Palicourea calycina Benth.		X					VU. Vulnerable
	Palicourea cf. *garciae* Standl.		X					
	Palicourea demissa Standl.					X		
	Palicourea guianensis Aubl.					X		
	Palicourea luteonivea C.M. Taylor		X					
	Palicourea sp.		X					

continúa

FAMILIAS	Especies	Tepuy 1 (1200 -1400 msnm)			Tepuy 2 (1600-1850 msnm)			Categoría IUCN
		Hábito			Hábito			
		Ar	Aa	H	Ar	Aa	H	
	Palicourea stipularis Benth.					X		
	Psychotria allenii Standl.					X		
	Psychotria aubletiana Steyerm.		X					
	Psychotria caerulea Ruiz & Pav.		X					
	Psychotria deflexa DC.		X					
	Psychotria oinochrophylla (Standl.) C.M. Taylor		X					
	Psychotria poeppigiana Muell. Arg.		X					
	Stilpnophyllum cf. *grandifolium* L. Andersson	X						EN. En peligro
	Stilpnophyllum oellgaardii L. Andersson	X				X		
SABIACEAE								
	Meliosma sp.				X			
SAPINDACEAE								
	Allophylus sp.	X						
SAPOTACEAE								
	Sapotaceae				X			
	Pouteria torta(Mart.) Radlk.	X						
SIMAROUBIACEAE								
	Picramnia sp.					X		
SYMPLOCACEAE								
	Symplocos sp.				X			
THEACEAE								
	Ternstroemia circumscissilis Kobusky	X				X		
	Bonnetia paniculata Spruce ex Benth.				X			
	Bonnetia parviflora Spruce ex Benth.				X			
VERBENACEAE								
	Aegiphila sp.		X					
WINTTERIDACEAE								
	Drymis sp.		X					
Indeterminado					X			
Sub total		76	55	31	60	63	36	
Total			**162**			**159**		

Ar: Árbol, **Aa:** Arbusto, **H:** Hierba.

Apéndice 1.3

ÁRBOLES									
FAMILIAS	Especies	Tepuy 1 (1200 -1400 msnm)				Tepuy 2 (1600-1850 msnm)			
		D (Ind/ha)	DR(%)	DoR(%)	IVI(%)	D (Ind/ha)	DR(%)	DoR(%)	IVI(%)
ALZATEACEAE									
	Alzatea verticillata Ruiz & Pav.	17	2,2	0,8	3,1	4	0,8	0,6	1,4
ANACARDIACEAE									
	Tapirira guianensis Aubl.								
ANNONACEAE									
	Guatteria sp.	13	1,7	0,8	2,5				
	Rollinia sp.	4	0,6	0,4	1,0	4	0,8	0,7	1,5
APOCYNACEAE									
	Aspidosperma laxiflorum Kuhlm.	4	0,6	1,2	1,8				
AQUIFOLIACEAE									
	Ilex rimbachii Standl.					4	0,8	0,3	1,1
	Ilex sp.	4	0,6	0,2	0,7	4	0,8	0,9	1,7
	Ilex yurumanguinis Cuatrec.					17	3,3	2,3	5,6
ARALIACEAE									
	Schefflera sp.	17	2,2	1,4	3,6	17	3,3	1,5	4,8
ARECACEAE									
	Dictyocaryum lamarckianum (Mart.) H. Wendl.					8	1,6	1,0	2,7
	Iriartea deltoidea Ruiz & Pavón	17	2,2	1,0	3,3	8	1,6	1,5	3,1
	Wettinia maynensis Burret	21	2,8	1,3	4,1				
	Wettinia sp.					21	4,1	3,0	7,1
BURSERACEAE									
	Dacryodes cupularis Cuatrec.	13	1,7	14,7	16,4				
	Dacryodes peruviana (Loesener) J.F. Macbride.	4	0,6	2,6	3,1				
	Dacryodes sp. nov.	4	0,6	0,5	1,1				
CECROPIACEAE									
	Pouruma cf. *bicolor* Mart.	38	5,1	4,3	9,4				
	Coussapoa sp.	4	0,6	1,0	1,5				
	Pourouma guianensis Aublet	4	0,6	0,9	1,4				
	Cecropia sp.	4	0,6	0,2	0,8				
CHRYSOBALANACEAE									
	Couepia sp.	4	0,6	0,2	0,8				

continúa

ÁRBOLES									
FAMILIAS	Especies	Tepuy 1 (1200 -1400 msnm)				Tepuy 2 (1600-1850 msnm)			
		D (Ind/ha)	DR(%)	DoR(%)	IVI(%)	D (Ind/ha)	DR(%)	DoR(%)	IVI(%)
CHLORANTHACEAE									
	Hedyosmun sp.					4	0,8	0,3	1,1
CLETHRACEAE									
	Clethra sp.					4	0,8	0,4	1,2
CLUSIACEAE									
	Clusia haughtii Cuatrec.	4	0,6	0,2	0,7				
	Clusia latipes Planch. & Triana					4	0,8	4,5	5,4
	Clusia pallida Engl.	4	0,6	0,2	0,8				
	Clusia sp.1	8	1,1	0,3	1,4	21	4,1	2,7	6,7
	Clusia weberbaueri Engl.					4	0,8	0,3	1,1
	Clusiella cf. *elegans* Plach & Triana	13	1,7	0,9	2,5				
	Tovomita sp.	4	0,6	0,4	1,0	4	0,8	0,5	1,3
	Tovomita weddelliana Triana & Planch.	13	1,7	4,2	5,9	17	3,3	1,2	4,5
	Vismia sp.					13	2,4	3,4	5,8
	Vismia tomentosa Ruiz & Pav.	4	0,6	0,1	0,7				
CUNONIACEAE									
	Weinmannia glabra L.f.	4	0,6	0,6	1,2				
	Weinmannia elliptica H. B. K.					13	2,4	1,9	4,3
CYATHEACEAE									
	Cyathea sp.	8	1,1	0,7	1,8				
CYRILLACEAE									
	Purdiaea nutans Planch.					4	0,8	0,5	1,3
ERYTHROXYLACEAE									
	Erythroxylum sp.					4	0,8	1,0	1,9
EUPHORBIACEAE									
	Alchornea grandiflora Mull Arg.					21	4,1	4,6	8,6
	Mabea nitida Spruce ex Benth.	117	15,7	11,5	27,2				
	Alchornea glandulosa Poepp.	13	1,7	1,6	3,3				
	Aparisthimium cordatum (A. Juss.) Baillon	8	1,1	1,6	2,7				
	Alchornea pearcei Britton	8	1,1	0,6	1,8	17	3,3	2,4	5,6
	Hyeronima duquei Cuatrec.	4	0,6	0,2	0,7				
	Crotton sp.1					4	0,8	0,5	1,3

continúa

ÁRBOLES									
FAMILIAS	Especies	Tepuy 1 (1200 -1400 msnm)				Tepuy 2 (1600-1850 msnm)			
		D (Ind/ha)	DR(%)	DoR(%)	IVI(%)	D (Ind/ha)	DR(%)	DoR(%)	IVI(%)
	Hyeronima macrocarpa Muell. Arg.					4	0,8	0,3	1,1
	Crotton sp.2					4	0,8	0,3	1,1
FABACEAE									
	Andira sp.					8	1,6	6,1	7,7
	Dussia sp.					4	0,8	0,9	1,7
	Fabaceae					4	0,8	3,3	4,2
	Lonchocarpus cf. *seorsus* (Poir.) Kunth ex DC.	8	1,1	1,9	3,0				
	Lonchocarpus seorsus (Poir.) Kunth ex DC.	4	0,6	0,3	0,8				
	Ormosia amazonica Ducke	8	1,1	1,1	2,2				
	Ormosia sp.					17	3,3	3,0	6,3
GENTIANACEAE									
	Macrocarpea sp.					4	0,8	0,9	1,7
HUMIRIACEAE									
	Humiriastrum diguense (Cuatrec.) Cuatrec	17	2,2	1,2	3,4	4	0,8	1,4	2,2
	Humiriastrum mapirense Cuatrec.	4	0,6	0,1	0,7	4	0,8	0,6	1,4
INDETERMINADO									
	Indeterminado					13	2,4	1,7	4,2
LAURACEAE									
	Aniba riparia (Nees) Mez	4	0,6	0,2	0,8	4	0,8	1,3	2,1
	Beilschmiedia sulcata (Ruiz & Pav.) Kosterm.	4	0,6	0,4	0,9				
	Endlicheria sericea Nees	8	1,1	0,7	1,8	13	2,4	1,9	4,3
	Lauraceae					8	1,6	1,1	2,7
	Nectandra cissiflora Nees	4	0,6	0,5	1,0				
	Ocotea aciphylla (Nees) Mez	4	0,6	0,2	0,7				
	Persea caerulea (Ruiz & Pav.) Mez	4	0,6	0,2	0,8				
	Persea cf. *bullata* Kopp					8	1,6	2,1	3,7
LINACEAE									
	Roucheria laxiflora H. Winkl.					13	2,4	1,1	3,6
MALPHIGUIACEAE									
	Byrsonima sp.					13	2,4	3,2	5,6
MARCGRAVIACEAE									
	Marcgravia sp.	8	1,1	1,5	2,6	4	0,8	0,4	1,2

continúa

ÁRBOLES									
FAMILIAS	Especies	Tepuy 1 (1200 -1400 msnm)				Tepuy 2 (1600-1850 msnm)			
		D (Ind/ha)	DR(%)	DoR(%)	IVI(%)	D (Ind/ha)	DR(%)	DoR(%)	IVI(%)
MELASTOMATACEAE									
	Centronia laurifolia D. Don	4	0,6	0,1	0,7				
	Graffenrieda emarginata (Ruiz & Pav.) Triana	4	0,6	0,2	0,7	13	2,4	1,6	4,0
	Graffenrieda harlingii Wurdack	21	2,8	1,0	3,8				
	Graffenrieda sp.					17	3,3	1,4	4,7
	Meriania cf. *hexamera* Sprague	13	1,7	0,7	2,4				
	Meriania sp.	4	0,6	0,3	0,9	4	0,8	0,6	1,4
	Miconia punctata (Desr.) D. Don ex DC.	4	0,6	0,2	0,7				
	Miconia sp.1	8	1,1	0,6	1,7	17	3,3	2,0	5,2
MELIACEAE									
	Guarea cf. *guidonea* (L.) Sleumer	8	1,1	0,7	1,8				
	Guarea sp.	4	0,6	1,5	2,0				
	Ruagea insignis (C.DC.) Pennington	4	0,6	0,1	0,7				
	Thichilia sp.	4	0,6	0,7	1,3				
	Trichilia claussenii C. DC.					4	0,8	3,0	3,8
MORACEAE									
	Brosimum sp.					4	0,8	0,4	1,3
	Clarisia racemosa Ruiz & Pav.	4	0,6	1,5	2,0				
	Ficus sp.	29	3,9	8,2	12,1				
MIMOSACEAE									
	Mimosaceae					4	0,8	1,1	1,9
MYRISTICACEAE									
	Iryanthera juruensis Warb.	4	0,6	0,1	0,7				
	Otoba glycycarpa (Ducke)W.A. Rodrigues & T.S.Jaram.	8	1,1	1,3	2,4				
	Virola peruviana (A. DC.) Warb.	4	0,6	0,2	0,8				
MYRSINACEAE									
	Ardisia guianensis (Aubl.) Mez	4	0,6	0,2	0,7				
	Geissanthus sp.	4	0,6	0,5	1,1				
	Myrsine andina (Mez.) Pipoly	4	0,6	0,4	1,0				
MYRTACEAE									
	Eugenia sp.1	29	3,9	1,7	5,7	13	2,4	4,2	6,6
	Eugenia sp.2	4	0,6	0,3	0,9				

continúa

ÁRBOLES									
FAMILIAS	Especies	Tepuy 1 (1200 -1400 msnm)				Tepuy 2 (1600-1850 msnm)			
		D (Ind/ha)	DR(%)	DoR(%)	IVI(%)	D (Ind/ha)	DR(%)	DoR(%)	IVI(%)
	Eugenia sp.3	8	1,1	1,9	3,0				
	Myrcia sp.					4	0,8	0,5	1,3
	Myrcianthes discolor (Kunth.) Mc Vaugh.					13	2,4	2,2	4,6
	Myrcianthes sp.	8	1,1	0,4	1,5	4	0,8	0,4	1,2
	Myrtaceae					17	3,3	2,8	6,1
NYCTAGINACEAE									
	Neea sp.2	21	2,8	1,5	4,3				
	Neea ovalifolia Spruce ex J. A. Schmidt	4	0,6	0,4	1,0				
	Neea sp.1					8	1,6	2,8	4,5
PODOCARPACEAE									
	Podocarpus oleifolius D.Don	13	1,7	1,3	3,0				
	Podocarpus tepuiensis Buchholz & Gray, N.					8	1,6	4,6	6,2
ROSACEAE									
	Prunus sp.	8	1,1	0,6	1,7				
	Prunus debilis Koehne	4	0,6	0,5	1,0				
RUBIACEAE									
	Faramea sp.					4	0,8	0,6	1,4
	Pagamea dudleyi Steyerm.	4	0,6	1,0	1,5				
	Stilpnophyllum cf. *grandifolium* L. Andersson	4	0,6	0,2	0,8				
	Stilpnophyllum oellgaardii L. Andersson	4	0,6	0,2	0,8				
SABIACEAE									
	Meliosma sp.					4	0,8	0,3	1,1
SAPINDACEAE									
	Allophylus sp.	4	0,6	0,8	1,4				
SAPOTACEAE									
	Pouteria torta (Mart.) Radlk.	8	1,1	7,2	8,4				
	Sapotaceae					4	0,8	0,4	1,3
SYMPLOCACEAE									
	Symplocos sp.					8	1,6	0,9	2,5
THEACEAE									

continúa

ÁRBOLES									
FAMILIAS	Especies	Tepuy 1 (1200 -1400 msnm)				Tepuy 2 (1600-1850 msnm)			
		D (Ind/ha)	DR(%)	DoR(%)	IVI(%)	D (Ind/ha)	DR(%)	DoR(%)	IVI(%)
	Bonnetia parviflora Spruce ex Benth.					4	0,8	2,1	2,9
	Ternstroemia circumscissilis Kobusky	13	1,7	0,7	2,4	0	0,0	0,0	0,0
Total árboles		**742**	**100**	**100**	**200**	**513**	**100**	**100**	**200**

ARBUSTOS							
FAMILIAS	Especies	Tepuy 1			Tepuy 2		
		D (Ind/ha)	DR(%)	FR(%)	D (Ind/ha)	DR(%)	FR(%)
ACANTHACEAE							
	Sanchezia skutchii Leonard & L.B. Sm	100	1,0	1,4			
ACTINIDACEAE							
	Saurauia pseudostrigillosa Busc.	100	1,0	1,4			
	Saurauia bullosa Wawra in Mart.	133	1,3	1,4			
ANNONACEAE							
	Cremastosperma megalophyllum R.E. Fr.				150	1,0	1,2
AQUIFOLIACEAE							
	Ilex gabrielleana Loizeau & Spichiger				150	1,0	1,2
ARECACEAE							
	Wettinia sp.				200	1,3	2,4
ARALIACEAE							
	Dendropanax sp.	267	2,6	1,4			
	Weinmannia elliptica H. B. K.	133	1,3	1,4			
	Schefflera sp.	67	0,7	1,4			
ASTERACEAE							
	Lepidaploa canescens (Kunth) H. Rob.	167	1,7	1,4			
BLECHNACEAE							
	Blechnum sp.				250	1,6	1,2
CAMPANULACEAE							
	Sanchezia skutchii Leonard & L.B. Sm	67	0,7	1,4			
	Centropogon sp.				150	1,0	1,2
CAPRIFOLIACEAE							
	Viburnum sp.	100	1,0	1,4			

continúa

ARBUSTOS							
FAMILIAS	Especies	Tepuy 1			Tepuy 2		
		D (Ind/ha)	DR(%)	FR(%)	D (Ind/ha)	DR(%)	FR(%)
CHLORANTHACEAE							
	Hedyosmun cf. *sprucei* Solms				150	1,0	1,2
CLETHRACEAE							
	Clethra fimbriata Kunth				150	1,0	1,2
CLUSIACEAE							
	Clusia flavida (Benth) Pipoly	167	1,7	1,4			
	Clusia weberbaueri Engl.				250	1,6	2,4
	Clusia alata Planch. & Triana				400	2,6	2,4
	Clusia cf. *ducoides* Engl.				200	1,3	1,2
	Garcinia sp.				200	1,3	1,2
	Vismia tomentosa Ruiz & Pav.				350	2,3	1,2
	Clusia sp.1				150	1,0	1,2
	Clusia sp.2				200	1,3	1,2
CUNONIACEAE							
	Weinmannia glabra L.f.				400	2,6	1,2
	Weinmannia elliptica H. B. K.				150	1,0	1,2
CYCLANTACEAE							
	Asplundia sp.	133	1,3	1,4	400	2,6	2,4
ERICACEAE							
	Macleania sp.2				400	2,6	2,4
	Cavendishia bracteata (Ruiz & Pav. ex J. St. - Hil.) Hoerold				450	2,9	2,4
	Cavendishia sp.1				150	1,0	1,2
	Macleania sp.1				100	0,7	1,2
	Disterigma alaternoides (Kunth in H. B. K.) Nied.				300	2,0	1,2
	Cavendishia sp.2				250	1,6	1,2
EUPHORBIACEAE							
	Alchornea pearcei Britton				250	1,6	1,2
	Crotton sp.1	33	0,3	1,4	150	1,0	1,2
	Hyeronima duquei Cuatrec.	100	1,0	1,4			
	Hyeronima cf. *oblonga* (Tul.) Müll. Arg.	100	1,0	1,4			

continúa

ARBUSTOS							
FAMILIAS	Especies	Tepuy 1			Tepuy 2		
		D (Ind/ha)	DR(%)	FR(%)	D (Ind/ha)	DR(%)	FR(%)
GENTIANACEAE							
	Macrocarpaea harlingii J. S. Pringle				300	2,0	1,2
GESNERIACEAE							
	Besleria sp.1	100	1,0	1,4			
LAURACEAE							
	Nectandra cissiflora Nees	100	1,0	1,4			
	Aniba formosa A.C.Sm.	100	1,0	1,4			
	Persea weberbaueri Mez.				300	2,0	2,4
	Beilschmiedia sp.				100	0,7	1,2
	Endlicheria sericea Nees				150	1,0	1,2
	Beilschmiedia sulcata (Ruiz & Pav.) Kosterm.				150	1,0	1,2
	Cinnamomum sp.				150	1,0	1,2
MELASTOMATACEAE							
	Blakea cf. *portentosa* Wurdack	100	1,0	1,4			
	Centronia laurifolia D. Don	133	1,3	1,4			
	Graffenrieda emarginata (Ruiz & Pav.) Triana				450	2,9	2,4
	Graffenrieda harlingii Wurdack				200	1,3	1,2
	Meriania furvanthera Wurdack				150	1,0	1,2
	Meriania tomentosa (Cogn.) Wurdack				500	3,3	1,2
	Miconia capitellata Cogn.	233	2,3	1,4			
	Miconia punctata (Desr.) D. Don ex DC.	733	7,3	2,9	450	2,9	2,4
	Miconia quadripora Wurdack				400	2,6	2,4
	Miconia reburrosa Wurdack				150	1,0	1,2
	Miconia sp.1	700	7,0	5,7			
	Miconia sp.2	300	3,0	1,4	100	0,7	1,2
	Miconia sp.3	333	3,3	1,4	150	1,0	1,2
	Miconia sp.4				150	1,0	1,2
	Miconia trinervia (Sw.) D. Don ex Loudon	100	1,0	1,4			
	Salpinga maranonensis Wurdack	167	1,7	1,4			
	Tibouchina lepidota (Bonpl.) Baill.				400	2,6	3,6
	Tibouchina sp.	167	1,7	1,4			

continúa

ARBUSTOS							
FAMILIAS	Especies	Tepuy 1			Tepuy 2		
		D (Ind/ha)	DR(%)	FR(%)	D (Ind/ha)	DR(%)	FR(%)
	Tococa sp.	367	3,6	4,3			
	Topobaea sp.	100	1,0	1,4			
	Topobaea cf. *pittieri* Cong.	100	1,0	1,4			
MELIACEAE							
	Trichilia pleeana (A. Juss.) C. DC.	67	0,7	1,4			
	Trichilia sp.1				300	2,0	1,2
	Trichilia sp.2	100	1,0	1,4			
MYRSINACEAE							
	Myrsine andina (Mez.) Pipoly	300	3,0	1,4			
	Stylogyne sp.	133	1,3	1,4	100	0,7	1,2
	Myrsine sp.				150	1,0	1,2
	Cybianthus marginathus (Benth.) Pipoly				500	3,3	1,2
	Geissanthus sp.				100	0,7	1,2
MYRTACEAE							
	Eugenia biflora (L.) DC.				100	0,7	1,2
NYCTAGINACEAE							
	Neea sp.	167	1,7	1,4			
POACEAE							
	Olyra latifolia L.				300	2,0	2,4
PODOCARPACEAE							
	Podocarpus sp.				350	2,3	1,2
ROSACEAE							
	Prunus sp.				150	1,0	1,2
PIPERACEAE							
	Piper sp.	100	1,0	1,4			
	Piper cf. *umbellatum* L.	267	2,6	1,4			
RUBIACEAE							
	Amphidasya colombiana (Standl.) Steyerm.	267	2,6	2,9			
	Cinchona sp.1	167	1,7	1,4			
	Cinchona sp.2				200	1,3	3,6
	Elaeagia sp.	67	0,7	1,4	300	2,0	2,4
	Faramea caerulescens K. Schum & K. Krause				150	1,0	1,2

continúa

ARBUSTOS							
FAMILIAS	Especies	Tepuy 1			Tepuy 2		
		D (Ind/ha)	DR(%)	FR(%)	D (Ind/ha)	DR(%)	FR(%)
	Faramea quinqueflora Poepp. & Endl.	200	2,0	2,9			
	Faramea uniflora Dwyer & M.V. Hadyen	433	4,3	2,9			
	Ferdinandusa guainiae Spruce ex K. Schum				350	2,3	2,4
	Notopleura vargasiana C.M. Taylor	67	0,7	1,4			
	Pagamea dudleyi Steyerm.	167	1,7	1,4	200	1,3	1,2
	Palicourea calycina Benth.	133	1,3	1,4			
	Palicourea cf. *garciae* Standl.	100	1,0	1,4			
	Palicourea demissa Standl.				350	2,3	2,4
	Palicourea guianensis Aubl.				350	2,3	2,4
	Palicourea luteonivea C.M. Taylor	267	2,6	2,9			
	Palicourea sp.	200	2,0	2,9			
	Palicourea stipularis Benth.				200	1,3	1,2
	Psychotria allenii Standl				550	3,6	3,6
	Psychotria aubletiana Steyerm.	267	2,6	1,4			
	Psychotria caerulea Ruiz & Pav.	67	0,7	1,4			
	Psychotria deflexa DC.	100	1,0	1,4			
	Psychotria oinochrophylla (Standl.) C.M. Taylor	167	1,7	2,9			
	Psychotria poeppigiana Muell. Arg.	367	3,6	2,9			
	Stilpnophyllum oellgaardii L. Andersson				100	0,7	1,2
SABIACEAE							
	Citronella silvatica Cuatr.	33	0,3	1,4			
SIMAROUBACEAE							
	Picramnia sp.				100	0,7	1,2
THEACEAE							
	Ternstroemia circumscissilis Kobusky				200	1,3	1,2
VERBENACEAE							
	Aegiphila sp.	100	1,0	1,4			
WINTTERIDACEAE							
	Drymis sp.	267	2,6	1,4			
Total arbustos		**10067**	**100**	**100**	**15300**	**100**	**100**

HIERBAS							
FAMILIAS	Especies	Tepuy 1			Tepuy 2		
		D (Ind/ha)	DR(%)	FR(%)	D (Ind/ha)	DR(%)	FR(%)
ARACEAE							
	Anthurium aulestii Croat	4167	3,7	5,0	3846	3,5	4,2
	Anthurium grubbii Croat	1667	1,5	2,5	1538	1,4	2,1
	Anthurium mindense Sodiro	1667	1,5	2,5	1538	1,4	2,1
	Anthurium ovatifolium Engl.	2500	2,2	2,5			
	Anthurium oxybelinm Schott.	5833	5,2	5,0	10000	9,0	4,2
	Anthurium scandens (Aubl.) Engl.	5000	4,4	5,0	4615	4,2	4,2
	Anthurium sp.	833	0,7	2,5	769	0,7	2,1
	Rhodospatha latifolia Poeppig	833	0,7	2,5			
	Rhodospatha latifolia Poeppig				6154	5,6	6,3
ASTROEMERIACEAE							
	Bomarea pardina Herb.				1538	1,4	2,1
BROMELIACEAE							
	Chevaliera veitchii (Baker) E. Morren	4167	3,7	5	2308	2,1	2,1
	Guzmania garciaensis Rauh	7500	6,7	5	6923	6,3	4,2
	Guzmania gracilior (André) Mez.				1538	1,4	2,1
	Guzmania marantoidea (Rusby) H. Luther	1667	1,5	2,5			
	Guzmania sp.2	1667	1,5	2,5			
	Guzmania sp.1	11667	10,4	7,5	6154	5,6	4,2
	Tillandsia asplundii L.B. Smith	2500	2,2	2,5			
COSTACEAE							
	Costus scaber Ruiz & Pav.	2500	2,2	2,5	2308	2,1	2,1
DRYOPTERIDACEAE							
	Diplazium sp.	5000	4,4	2,5	10000	9,0	6,3
	Elaphoglossum ciliatum (C.Persl) T. Moore	4167	3,7	2,5	1538	1,4	2,1
	Ellaphoglossum sp.1	2500	2,2	2,5	2308	2,1	2,1
	Ellaphoglossum sp.2	1667	1,5	2,5	1538	1,4	2,1
ERIOCAULACEAE							
	Paepalanthus ensifolius (Kunth) Kunth				1538	1,4	2,1
GESNERIACEAE							
	Allopectus sp.	1667	1,5	2,5	3846	3,5	4,2
	Alloplectus panamensis C. V. Morton				2308	2,1	2,1

continúa

HIERBAS							
FAMILIAS	Especies	Tepuy 1			Tepuy 2		
		D (Ind/ha)	DR(%)	FR(%)	D (Ind/ha)	DR(%)	FR(%)
GRAMMITIDACEAE							
	Grammitis sp.	3333	3,0	2,5			
HELICONIACEAE							
	Heliconia sp.1	7500	6,7	2,5			
	Heliconia sp.2	2500	2,2	2,5			
MELASTOMATACEAE							
	Clidemia sp.	4167	3,7	5,0	3846	3,5	4,2
	Maieta sp.	1667	1,5	1,5	1538	1,4	2,1
	Miconia punctata (Desr.) D. Don ex DC.				2308	2,1	2,1
	Tococa sp.	10833	9,6	5,0	4615	4,2	4,2
ORCHIDACEAE							
	Elleanthus sp.	1667	1,5	2,5	1538	1,4	2,1
	Epindendron sp.				1538	1,4	2,1
	Pleuropthallis sp.				1538	1,4	2,1
PIPERACEAE							
	Peperomia alata Ruiz & Pav.	3333	3,0	2,5	3077	2,8	2,1
	Peperomia cf. *acuminata* Ruiz & Pav.				1538	1,4	2,1
	Peperomia duidana Trel.	3333	3,0	2,5			
	Peperomia duidana Trel.				3077	2,8	2,1
	Peperomia sp.	2500	2,2	2,5	2308	2,1	2,1
	Piper sp.	2500	2,2	2,5	2308	2,1	2,1
POACEAE							
	Neurolepis elata (Kunth) Pilg.				3846	3,5	2,1
POLYPODIACEAE							
	Grammitis sp.				1538	1,4	2,1
	Polypodium sp.1				2308	2,1	2,1
	Polypodium sp.2				1538	1,4	2,1
		112500	**100**	**100**	**110769**	**100**	**100**

D(Ind/ha): Densidad absoluta, **DR(%):** Densidad relativa, **DoR(%):** Dominancia relativa, **IVI(%):** Indice valor de importancia, **FR(%):** Frecuencia relativa

Apéndice 2

Lista de las especies de hormigas de los Tepuyes de la Cuenca Alta del Río Nangaritza, Cordillera del Cóndor.

Leeanne E. Alonso y Lloyd Davis

FAMILIAS / ESPECIES	Tepuy 1	Tepuy 2
Poneroids		
Amblyopone cleae		X
Anochetus inca	X	
Cryptopone sp.	X	
Gnamptogenys ilimani		X
Gnamptogenys porcata		X
Gnamptogenys c.f. *porcata*	X	
Gnamptogenys saenschi		X
Heteroponera dentinodis		X
Hypoponera spp.	X	X
Odontomachus haematodes	X	X
Odontomachus hastatus		X
Pachycondyla veranae	X	
Pachycondyla elanorae		X
Pachycondyla succedanea?		X
Pachycondyla dismarginata		X
Pachycondyla harpax		X
Pachycondyla cf. *lunaris*		X
Pachycondyla crassinoda		X
Pachycondyla unidentata	X	
Pachycondyla impressa ?	X	
Prionopelta sp.		X
Typhlomyrmex sp.	X	
10 géneros, 22 especies		
Myrmecinae		
Acromyrmex coronatus	X	
Acromyrmex sp. 2		X
Apterostigma bolivianum		
Cephalotes atratus	X	
Crematogaster spp.	X	X
Cyphomyrmex rimosus	X	
Lachnomyrmex sp.		X

continúa

FAMILIAS / ESPECIES	Tepuy 1	Tepuy 2
Octostruma sp.		X
Pheidole many species	X	X
Pheidole cataractae		X
Pheidole susannae ?	X	X
Pheidole sagittaria	X	
Procryptocerus belti		X
Pyramica spp.	X	X
Strumigenys spp.	X	X
Wasmannia sp.	X	
14 géneros, 17 especies		
Ecitoninae		
Eciton hamatum		X
Eciton burchelli		X
Eciton c.f. *vagans*	X	
Labidus praedator		X
2 géneros, 4 especies		
Formicinae		
Acropyga sp.	X	X
Camponotus spp.	X	X
Myrmelachista spp.	X	X
Paratrechina spp.*(ahora Nylanderia)*	X	X
4 géneros, 4 especies		
Dolichoderinae		
Dolichoderus spp.	X	X
Dolichoderus attelaboides		X
Linepithema spp.	X	X
Linepithema angulatus	X	
2 géneros, 4 especies		
Total 32 géneros, 51 especies	**23 géneros, 28 especies**	**24 géneros, 36 especies**

Apéndice 3

Lista de los insectos hoja e insectos palo de la Cuenca Alta del Río Nangaritza, Cordillera del Cóndor.

Holger Braun

Apéndice 3.1

Especies	Sitio 1	Sitio 2	Parque Nacional Podocarpus	Probablemente nuevas	Nuevo registro para Ecuador
Subfamilia Conocephalinae					
Daedalellus sp. n.	X			X	X
Dectinomima n. sp.	X	X	X	X	(X)
Loja n. sp.	X	X	X	X	(X)
Subfamilia Meconematinae (Phlugidini)					
Phlugis sp.	X				
Subfamilia Phaneroperinae					
Anaulacomera sp. 1	X		?		
Anaulacomera sp. 2	X		?		
Anaulacomera sp. 3		X	?		
Gen. n. sp. n. (related to *Parangara*)	X		X	X (nuevo género)	(X)
Subfamilia Pseudophyllinae					
Ancistrocercus (Mystrostylus) sp. n.	X			x	x
Championica peruana		X			x
Diacanthodis formidabilis	X	X			x
Drepanoxiphus elegans	X	X			
Eubliastes festae	X				
Gen. n. sp. n. (*Eucocconotini*)	X		X	X (nuevo género)	(X)
Gen. n. sp. n. (*Teleutiini*)		X	X	X (nuevo género)	(X)
Gen. 4 sp. 1 (*Teleutiini?*)		X		X	X
Gen. 5 sp. 1 (*Cocconotini?*)	X			X	X
Leptotettix voluptarius distinctus	X	X	X		
Myopophyllum sp. n.	X		X	X	(X)
Mystron sp. n.	X	X	X	X	(X)
Pemba cochleata	X	X	X		
Rhinischia sp.		X		X	X
Schedocentrus differens	X		X		
Teleutias castaneus	X		X		
Teleutias fasciatus		X			
Typophyllum erosifolium	X		X		
Typophyllum sp. n.	X	X	X	X	(X)
Totals (27 species)	21	14	13	13	7 (excluyendo el pnp)

Insectos hoja encontrados en los sitios de estudio (solo especies típicas de bosque); Sitio 1 y Sitio 2, oeste y este del Río Nangaritza respectivamente, comparadas con aquellas ya conocidas para el Parque Nacional Podocarpus (PNP).

Apéndice 3.2

Especies (Sitios 1 y 2)	Probablemente nuevas
Familia Diapheromeridae	
Subfamilia Diapheromerinae	
Tribu Diapheromerini	
Dyme sp. n. 1	X
Dyme sp. n. 2	X
Libethra sp.	
Spinopeplus senticosa	
Spinopeplus spinosissima	
Spinopeplus sp. n.	X
Gen. n. sp. n.	X (nuevo género)
Tribu Oreophoetini	
Oreophoetes mima ssp. n. 1	X
Oreophoetes mima ssp. n. 2	X
Oreophoetes mima ssp. n. 3	X
Oreophoetes sp. n.	X
Oreophoetes topoense ssp. n.	X
Familia Pseudophasmatidae	
Subfamilia Pseudophasmatinae	
Tribu Pseudophasmatini	
Pseudophasma sp. n.	X
Subfamilia Xerosomatinae	
Tribu Xerosomatini	
Acanthoclonia sp. n. 1	X
Acanthoclonia sp. n. 2	X
Acanthoclonia sp. n. 3	X
Gen. n. sp. n.	X (nuevo género)
Total (15 especies)	14 (10 especies + 4 subespecies)

Fásmidos encontrados en ambos sitios

Apéndice 4

Lista de los Anfibios y Reptiles de los Tepuyes de la Cuenca Alta del Río Nangaritza, Cordillera del Cóndor.

Juan M. Guayasamin, Elicio Tapia, Silvia Aldás y Jessica Deichmann

Apéndice 4.1

Familia	Género y especie	Sitio 1	Sitio 2	Estatus UICN	Estatus - Ecuador
Bufonidae	*Atelopus* aff. *palmatus*		√	Datos deficientes	
	Rhinella festae	√		Casi amenazado	
	Rhinella margaritifera		√	Preocupación menor	
Centrolenidae	*Centrolene audax*	√		En peligro	En peligro
	Hyalinobatrachium pellucidum	√		En peligro	En peligro crítico
	Nymphargus cochranae	√		Vulnerable	Preocupación menor
	Nymphargus chancas	√		Datos deficientes	
Dendrobatidae	*Allobates kingsbury*	√	√	En peligro	Datos deficientes
	Dendrobates sp.		√		
Hemiphractidae	*Hemiphractus proboscideus*	√		Casi amenazado	Casi amenzado
Hylidae	*Dendropsophus* cf. *minutus*	√		Preocupación menor	Casi amenzado
	Dendropsophus sarayacuensis	√		Preocupación menor	Preocupación menor
	Hyloscirtus phyllognathus	√		Preocupación menor	Vulnerable
	Hypsiboas calcaratus/fasciatus 1	√			
	Hypsiboas calcaratus/fasciatus 2	√			
	Hypsiboas lanciformis	√		Preocupación menor	Preocupación menor
	Osteocephalus sp.	√			
Microhylidae	*Syncope antenori*	√	√	Preocupación menor	Datos deficientes
Strabomantidae	*Oreobates simmonsi*	√		Vulnerable	En peligro
	Pristimantis cf. *peruvianus*	√	√	Preocupación menor	Preocupación menor
	Pristimantis diadematus	√	√	Preocupación menor	Preocupación menor
	Pristimantis minimus	√	√		
	Pristimantis sp. 1		√		
	Pristimantis sp. 2		√		
	Pristimantis trachyblepharis	√		Datos deficientes	Preocupación menor
	Pristimantis ventrimarmoratus		√	Preocupación menor	Preocupación menor
Plethodontidae	*Bolitoglossa* sp.		√		
TOTAL	27	20	12		

Lista de los Anfibios en la Cuenca Alta del Río Nangaritza, Cordillera del Cóndor.

Apéndice 4.2

Familia	Género y especie	Sitio 1	Sitio 2	Estatus UICN	Estatus - Ecuador
Colubridae	*Chironius scurrulus*	√			Preocupación menor
	Chironius monticola		√		Datos insuficientes
	Dipsas pavonina		√		Preocupación menor
	Imantodes cenchoa		√		Preocupación menor
	Leptodeira annulata	√			Preocupación menor
	Oxyrhopus leucomelas	√			Preocupación menor
	Synophis bicolor		√		Casi amenazada
Viperidae	*Bothrocophias microphthalmus*	√			Vulnerable
	Bothrops atrox		√		Preocupación menor
Gymnophthalmidae	*Alopoglossus atriventris*	√	√		Preocupación menor
	Alopoglossus buckleyi		√		Datos insuficientes
	Potamites cochranae	√			Casi amenazada
	Potamites strangulatus	√			Casi amenazada
	Riama sp.		√		
Hoplocercidae	*Enyalioides* sp. 1	√			
	Enyalioides sp. 2		√		
Polychrotidae	*Anolis fuscoauratus*		√		Preocupación menor
TOTAL	**17**	**8**	**10**		

Lista de los Reptiles en la Cuenca Alta del Río Nangaritza, Cordillera del Cóndor.

Apéndice 5

Lista de las aves de los Tepuyes de la Cuenca Alta del Río Nangaritza, Cordillera del Cóndor.

Juan F. Freile, Paolo Piedrahita, Galo Buitrón-Jurado, Carlos A. Rodríguez y Elisa Bonaccorso

no.1	Orden	Familia	Especie	Nombre en inglés	Sitio 1	Sitio 2	Global[2]	Nacional[2]
3	**Tinamiformes**	Tinamidae	*Tinamus tao*	Grey Tinamou	1	0		
5			*Tinamus major*	Great Tinamou	1	0		
9			*Crypturellus soui*	Little Tinamou	1	1		
10			*Crypturellus obsoletus*	Brown Tinamou	1	1		
43	**Galliformes**	Cracidae	*Aburria aburri*	Wattled Guan	1	0	NT	VU
52		Odontophoridae	*Odontophorus speciosus*	Rufous-breasted Wood-Quail	1	1		NT
127	**Cathartiformes**	Cathartidae	*Cathartes aura*	Turkey Vulture	1	1		
128			*Cathartes melambrotus*	Greater Yellow-headed Vulture	1	0		
129			*Coragyps atratus*	Black Vulture	1	0		
136	**Falconiformes**	Accipitridae	*Elanoides forficatus+*	Swallow-tailed Kite	0	1		
162			*Harpyhaliaetus solitarius*	Solitary Eagle	1	0	NT	VU
170			*Buteo brachyurus*	Short-tailed Hawk	1	0		
182		Falconidae	*Ibycter americanus**	Red-throated Caracara	1	0		
192			*Micrastur ruficollis*	Barred Forest-Falcon	1	0		
328	**Columbiformes**	Columbidae	*Patagioenas speciosa**	Scaled Pigeon	1	1		
			Patagioenas plumbea	Plumbeous Pigeon	1	0		
333			*Patagioenas subvinacea*	Ruddy Pigeon	1	0		
339			*Leptotila rufaxilla*	Gray-fronted Dove	1	0		
343			*Geotrygon frenata*	White-throated Quail-Dove	1	0		
345			*Geotrygon montana**	Ruddy Quail-Dove	0	1		
347	**Psittaciformes**	Psittacidae	*Ara militaris*	Military Macaw	1	0	VU	EN
356			*Aratinga leucophthalma*	White-eyed Parakeet	0	1		
371			*Touit stictopterus+*	Spot-winged Parrotlet	0	1	VU	VU
382			*Pionus menstruus*	Blue-headed Parrot	1	1		
399	**Cuculiformes**	Cuculidae	*Piaya cayana*	Squirrel Cuckoo	1	0		
416	**Strigiformes**	Strigidae	*Megascops petersoni*	Cinnamon Screech-Owl	0	1		
418			*Megascops guatemalae**	Vermiculated Screech-Owl	0	1		
422			*Pulsatrix melanota*	Band-bellied Owl	1	0		
430			*Glaucidium parkeri**	Subtropical Pygmy-Owl	0	1		
453	**Caprimulgiformes**	Caprimulgidae	*Nyctiphrynus ocellatus**	Ocellated Poorwill	1	0		
468	**Apodiformes**	Apodidae	*Streptoprocne zonaris*	White-collared Swift	1	0		
470			*Chaetura cinereiventris*	Gray-rumped Swift	1	0		
471			*Chaetura egregia*	Pale-rumped Swift	0	1		

continúa

no.1	Orden	Familia	Especie	Nombre en inglés	Sitio 1	Sitio 2	Global[2]	Nacional[2]
481		Trochilidae	*Eutoxeres aquila*	White-tipped Sicklebill	1	1		
489			*Phaethornis griseogularis*	Gray-chinned Hermit	1	1		
493			*Phaethornis guy*	Green Hermit	1	1		
497			*Phaethornis malaris*	Great-billed Hermit	1	0		
498			*Doryfera ludovicae*	Green-fronted Lancebill	0	1		
499			*Doryfera johannae*	Blue-fronted Lancebill	1	1		
501			*Colibri delphinae**	Brown Violetear	0	1		
506			*Heliothryx auritus*	Black-eared Fairy	1	0		
515			*Heliangelus regalis*	Royal Sunangel	1	1	EN	
522			*Phlogophilus hemileucurus*	Ecuadorian Piedtail	1	1	NT	NT
523			*Adelomyia melanogenys*	Speckled Hummingbird	1	1		
524			*Aglaiocercus kingi*	Long-tailed Sylph	0	1		
560			*Ocreatus underwoodii*	Booted Racket-tail	0	1		
561			*Urochroa bougueri**	White-tailed Hillstar	0	1		
563			*Urosticte ruficrissa*	Rufous-vented Whitetip	0	1		
570			*Heliodoxa leadbeateri*	Violet-fronted Brilliant	0	1		
586			*Klais guimeti*	Violet-headed Hummingbird	1	1		
587			*Campylopterus largipennis*	Gray-breasted Sabrewing	1	1		
589			*Campylopterus villaviscensio**	Napo Sabrewing	1	1	NT	DD
593			*Thalurania furcata*	Fork-tailed Woodnymph	1	1		
605			*Chrysuronia oenone*	Golden-tailed Sapphire	1	0		
612	**Trogoniformes**	Trogonidae	*Pharomachrus antisianus*	Crested Quetzal	1	0		
618			*Trogon viridis*	White-tailed Trogon	0	1		
622			*Trogon rufus**	Black-throated Trogon	1	0		
623			*Trogon collaris*	Collared Trogon	1	1		
624			*Trogon personatus+*	Masked Trogon	0	1		
631	**Coraciiformes**	Momotidae	*Electron platyrhynchum**	Broad-billed Motmot	1	0		
633			*Momotus momota*	Blue-crowned Motmot	1	0		
650	**Galbuliformes**	Bucconidae	*Nystalus striolatus*	Striolated Puffbird	1	0		
667	**Piciformes**	Capitonidae	*Eubucco bourcierii*	Red-headed Barbet	1	0		
669		Ramphastidae	*Ramphastos ambiguus*	Black-mandibled Toucan	1	1		NT
670			*Ramphastos tucanus*	White-throated Toucan	1	0		
672			*Ramphastos vitellinus*	Channel-billed Toucan	1	0		
674			*Aulacorhynchus derbianus*	Chestnut-tipped Toucanet	1	0		
691		Picidae	*Melanerpes cruentatus*	Yellow-tufted Woodpecker	1	0		
693			*Picoides fumigatus*	Smoky-brown Woodpecker	1	0		
701			*Piculus leucolaemus*	White-throated Woodpecker	0	1		
705			*Colaptes rubiginosus*	Golden-olive Woodpecker	0	1		
718			*Campephilus haematogaster*	Red-necked Woodpecker	1	0		
736	**Passeriformes**	Furnariidae	*Synallaxis albigularis*	Dark-breasted Spinetail	0	1		
762			*Premnoplex brunnescens*	Spotted Barbtail	0	1		
770			*Syndactyla subalaris+*	Lineated Foliage-gleaner	1	1		
777			*Philydor erythrocercum*	Rufous-rumped Foliage-gleaner	1	0		
779			*Philydor rufum*	Buff-fronted Foliage-gleaner	0	1		
787			*Automolus ochrolaemus*	Buff-throated Foliage-gleaner	1	1		
790			*Automolus rubiginosus*	Ruddy Foliage-gleaner	1	0		

continúa

no.1	Orden	Familia	Especie	Nombre en inglés	Sitio 1	Sitio 2	Global[2]	Nacional[2]
793			*Lochmias nematura**	Sharp-tailed Streamcreeper	1	0		
796			*Xenops minutus*	Plain Xenops	0	1		
797			*Xenops rutilans*	Streaked Xenops	1	1		
804			*Glyphorynchus spirurus*	Wedge-billed Woodcreeper	1	0		
814			*Xiphorhynchus ocellatus*	Ocellated Woodcreeper	1	0		
816			*Xiphorhynchus guttatus*	Buff-throated Woodcreeper	1	1		
819			*Xiphorhynchus triangularis*	Olive-backed Woodcreeper	1	1		
827		Thamnophilidae	*Cymbilaimus lineatus*	Fasciated Antshrike	1	0		
837			*Thamnophilus unicolor*	Uniform Antshrike	1	1		
846			*Dysithamnus mentalis*	Plain Antvireo	1	1		
856			*Epinecrophylla spodionota*	Foothill Antwren	1	0		
863			*Myrmotherula longicauda*	Stripe-chested Antwren	0	1		
865			*Myrmotherula axillaris*	White-flanked Antwren	1	0		
874			*Herpsilochmus axillaris**	Yellow-breasted Antwren	1	0		
879			*Terenura callinota**	Rufous-rumped Antwren	0	1		
880			*Terenura humeralis*	Rufous-rumped Antwren	1	0		
884			*Cercomacra nigrescens*	Blackish Antbird	0	1		
885			*Cercomacra serva*	Black Antbird	1	1		
887			*Pyriglena leuconota*	White-backed Fire-eye	1	1		
888			*Myrmoborus leucophrys*	White-browed Antbird	1	1		
897			*Schistocichla leucostigma*	Spot-winged Antbird	0	1		
901			*Myrmeciza castanea*	Zimmer's Antbird	0	1		
914			*Hylophylax naevius*	Spot-backed Antbird	1	0		
916			*Dichropogon poecilinotus*	Scale-backed Antbird	1	1		
921		Formicariidae	*Formicarius analis*	Black-faced Antthrush	1	0		
923			*Formicarius rufipectus*	Rufous-breasted Antthrush	1	0		
924			*Chamaeza campanisona*	Short-tailed Antthrush	1	0		
945		Grallariidae	*Myrmothera campanisona*	Thrush-like Antpitta	0	1		
946			*Grallaricula flavirostris**	Ochre-breasted Antpitta	1	0		
953		Conopophagidae	*Conopophaga castaneiceps+*	Chestnut-crowned Gnateater	0	1		
959		Rhinocryptidae	*Scytalopus atratus*	White-crowned Tapaculo	1	1		
969		Tyrannidae	*Phyllomyias burmeisteri*	Rough-legged Tyrannulet	1	0		
974			*Phyllomyias plumbeiceps+*	Plumbeous-crowned Tyrannulet	0	1		
988			*Elaenia obscura**	Highland Elaenia	0	1		
1008			*Corythopis torquatus*	Ringed Antpipit	1	0		
1012			*Zimmerius cinereicapilla*	Red-billed Tyrannulet	1	0		
1015			*Zimmerius chrysops*	Golden-faced Tyrannulet	1	1		
1017			*Phylloscartes ophthalmicus**	Marble-faced Bristle-Tyrant	1	0		
1018			*Phylloscartes orbitalis*	Spectacled Bristle-Tyrant	1	0		NT
1019			*Phylloscartes gualaquizae*	Ecuadorian Tyrannulet	1	1		
1020			*Phylloscartes superciliaris*	Rufous-browed Tyrannulet	0	1		
1021			*Mionectes striaticolis+*	Streak-necked Flycatcher	0	1		
1022			*Mionectes olivaceus*	Olive-striped Flycatcher	1	1		
1025			*Leptopogon superciliaris*	Slaty-capped Flycatcher	1	1		
1028			*Myiotriccus ornatus*	Ornate Flycatcher	1	1		
1031			*Lophotriccus pileatus*	Scale-crested Pygmy-Tyrant	1	1		

continúa

no.1	Orden	Familia	Especie	Nombre en inglés	Sitio 1	Sitio 2	Global[2]	Nacional[2]
1037			*Hemitriccus cinnamomeipectus*	Cinnamon-breasted Tody-Tyrant	0	1	NT	VU
1038			*Hemitriccus rufigularis*	Buff-throated Tody-Tyrant	0	1	NT	
1040			*Poecilotriccus capitalis*	Black-and-white Tody-Tyrant	1	1		
1044			*Todirostrum cinereum*	Common Tody-Flycatcher	1	0		
1055			*Tolmomyias flaviventer*	Yellow-breasted Flycatcher	1	0		
1057			*Platyrinchus mystaceus*	White-throated Spadebill	1	1		
1064			*Myiophobus roraimae*	Roraiman Flycatcher	0	1		
1069			*Myiobius villosus**	Tawny-breasted Flycatcher	1	0		
1075			*Hirundinea ferruginea*	Cliff Flycatcher	1	1		
1076			*Lathrotriccus euleri*	Euler's Flycatcher	0	1		
1084			*Contopus sordidulus*	Western Wood-Pewee	1	1		
1093			*Knipolegus poecilurus*	Rufous-tailed Tyrant	1	1		
1116			*Colonia colonus*	Long-tailed Tyrant	1	0		
1121			*Myiozetetes similis*	Social Flycatcher	1	0		
1129			*Conopias cinchoneti*	Lemon-browed Flycatcher	1	0		
1130			*Myiodynastes chrysocephalus*	Golden-crowned Flycatcher	0	1		
1140			*Tyrannus melancholicus*	Tropical Kingbird	1	0		
1147			*Myiarchus tuberculifer*	Dusky-capped Flycatcher	1	0		
1151			*Myiarchus cephalotes*	Pale-edged Flycatcher	0	1		
1160			*Attila spadiceus*	Bright-rumped Attila	0	1		
1161		Oxyruncidae	*Oxyruncus cristatus*	Sharpbill	1	1		
1171		Cotingidae	*Ampelioides tschudii**	Scaled Fruiteater	1	0		
1172			*Rupicola peruvianus*	Andean Cock-of-the-rock	1	1		
1180			*Snowornis subalaris*	Gray-tailed Piha	0	1		
1188			*Cephalopterus ornatus*	Amazonian Umbrellabird	0	1		
1191		Pipridae	*Masius chrysopterus*	Golden-winged Manakin	1	0		
1198			*Xenopipo holochlora+*	Green Manakin	0	1		
1202			*Pipra pipra*	White-crowned Manakin	1	1		
1205			*Pipra erythrocephala*	Golden-headed Manakin	0	1		
1208		Tityriidae	*Tityra semifasciata*	Masked Tityra	1	0		
1210			*Schiffornis turdina*	Thrush-like Schiffornis	1	0		
			Piprites chloris	Wing-barred Piprites	0	1		
1230		Vireonidae	*Vireolanius leucotis*	Slaty-capped Shrike-Vireo	1	1		
1238			*Hylophilus hypoxanthus*	Dusky-capped Greenlet	1	0		
1239			*Hylophilus olivaceus*	Olivaceous Greenlet	1	0		
1245		Corvidae	*Cyanocorax violaceus*	Violaceous Jay	0	1		
1247			*Cyanocorax yncas*	Green Jay	1	1		
1255		Hirundinidae	*Pygochelidon cyanoleuca*	Blue-and-white Swallow	1	0		
1259			*Atticora tibialis*	White-thighed Swallow	1	0		
1260			*Stelgidopteryx ruficollis*	Southern Rough-winged Swallow	1	1		
1265		Troglodytidae	*Microcerculus marginatus*	Scaly-breasted Wren	0	1		
1268			*Troglodytes aedon*	House Wren	1	0		
1269			*Troglodytes solstitialis*	Mountain Wren	1	0		
1273			*Campylorhynchus turdinus*	Thrush-like Wren	0	1		
1283			*Cinnycerthia olivascens*	Sharpe's Wren	0	1		
1284			*Henicorhina leucosticta*	White-breasted Wood-Wren	1	0		

continúa

no.[1]	Orden	Familia	Especie	Nombre en inglés	Sitio 1	Sitio 2	Global[2]	Nacional[2]
1285			*Henicorhina leucoptera*	Bar-winged Wood-Wren	1	1	NT	
1297		Turdidae	*Catharus fuscater**	Slaty-backed Nightingale-Thrush	1	1		
1298			*Catharus ustulatus*	Swainson's Thrush	1	0		
1301			*Turdus leucops*	Pale-eyed Thrush	1	1		
1304			*Turdus fulviventris*	Chestnut-bellied Thrush	0	1		
1311			*Turdus albicollis*	White-necked Thrush	1	1		
1318		Thraupidae	*Hemispingus atropileus**	Black-capped Hemispingus	0	1		
1329			*Ramphocelus carbo*	Silver-beaked Tanager	1	0		
1346			*Calochaetes coccineus*	Vermilion Tanager	1	1		
1352			*Anisognathus somptuosus*	Blue-winged Mountain-Tanager	0	1		
1361			*Iridosornis analis*	Yellow-throated Tanager	1	1		
1366			*Pipraeidea melanonota**	Fawn-breasted Tanager	1	0		
1368			*Chlorochrysa calliparaea*	Orange-eared Tanager	1	0		
1370			*Tangara mexicana*	Turquoise Tanager	0	1		
1372			*Tangara chilensis*	Paradise Tanager	1	1		
1373			*Tangara schrankii*	Green-and-gold Tanager	0	1		
1375			*Tangara arthus*	Golden Tanager	1	1		
1379			*Tangara xanthocephala*	Saffron-crowned Tanager	0	1		
1381			*Tangara parzudakii*	Flame-faced Tanager	0	1		
1377			*Tangara gyrola*	Bay-headed Tanager	1	0		
1386			*Tangara cyanotis**	Blue-browed Tanager	1	0		
1391			*Cyanerpes caeruleus*	Purple Honeycreeper	1	1		
1410			*Diglossa glauca*	Deep-blue Flowerpiercer	1	1		
1430		Insertae sedis	*Chlorospingus flavigularis*	Yellow-throated Bush-Tanager	1	1		
1438			*Chlorospingus canigularis*	Ashy-throated Bush-Tanager	1	1		
1440			*Piranga flava**	Hepatic Tanager	1	1		
1441			*Piranga leucoptera+*	White-winged Tanager	0	1		
1445			*Coereba flaveola*	Bananaquit	1	1		
1451		Emberizidae	*Ammodramus aurifrons*	Yellow-browed Sparrow	1	0		
1456			*Arremon aurantiirostris*	Orange-billed Sparrow	1	0		
1491			*Arremon brunneinucha*	Chestnut-capped Brush-Finch	1	0		
1493		Cardinalidae	*Saltator grossus*	Slate-coloured Grossbeak	1	0		
1512			*Saltator maximus*	Buff-throated Saltator	1	0		
1513			*Saltator coerulescens*	Grayish Saltator	1	1		
1515			*Cyanocompsa cyanoides*	Blue-black Grossbeak	0	1		
1519		Parulidae	*Parula pitiayumi*	Tropical Parula	1	1		
1524			*Myioborus miniatus*	Slate-throated Redstart	1	1		
1544			*Basileuterus tristriatus*	Three-striped Warbler	1	1		
1552			*Phaeothlypis fulvicauda*	Buff-rumped Warbler	1	0		
1553		Icteridae	*Psarocolius angustifrons*	Russet-backed Oropendola	1	0		
1554			*Psarocolius decumanus*	Crested Oropendola	1	0		
1557		Fringillidae	*Euphonia mesochrysa*	Bronze-green Euphonia	1	1		
1595			*Euphonia xanthogaster*	Orange-bellied Euphonia	1	1		
					155	127		

[1] Los números representan un código único para cada especie según su orden sistemático (Remsen et al. 2009).

[2] Las categorías de amenaza global corresponden a BirdLife International (2009); las nacionales a Granizo *et al.* (2002).

EN (En Peligro); **VU** (Vulnerable); **NT** (Casi Amenazada); **DD** (Datos Insuficientes). - Las especies marcadas con un * se registran por primera vez en la Cordillera del Cóndor. Las especies marcadas con un **+** fueron registradas únicamente por N. Krabbe.

Apéndice 6

Lista de los mamíferos de los Tepuyes de la Cuenca Alta del Río Nangaritza, Cordillera del Cóndor.

Carlos Boada

Apéndice 6.1

Orden/familia	Género/especie	Sitio1	Sitio2
DIDELPHIMORPHIA			
Didelphidae	*Caluromys lanatus*		X
	Chironectes minimus	X	X
	Didelphis marsupialis	X	X
	Metachirus nudicaudatus	X	X
	Philander andersoni	X	X
CINGULATA			
Dasypodidae	*Dasypus novemcinctus*	X	X
	Cabassous unicinctus	X	X
PILOSA			
Bradypodidae	*Bradypus variegatus*	X	X
Megalonychidae	*Choloepus didactylus*	X	X
Cyclopedidae	*Cyclopes didactylus*	X	X
Myrmecophagidae	*Myrmecophaga tridactyla*	X	X
	Tamandua tetradactyla	X	X
PRIMATES			
Cebidae	*Callithrix pygmaea*		X
	Saguinus fuscicollis	X	X
	Cebus albifrons	X	X
	Saimiri sciureus	X	X
Aotidae	*Aotus lemurinus*	X	X
Atelidae	*Alouatta seniculus*		X
RODENTIA			
Sciuridae	*Microsciurus flaviventer*	X	X
	Sciurus granatensis	X	X
	Sciurus igniventris	X	X
Cricetidae	*Akodon aerosus*	X	
	Thomasomys sp.	X	
Erethizontidae	*Coendou bicolor*	X	X
Caviidae	*Hydrochoerus hydrochaeris*	X	X
Dasyproctidae	*Dasyprocta fuliginosa*	X	X

continúa

Orden/familia	Género/especie	Sitio1	Sitio2
	Mioprocta pratti	X	X
Cuniculidae	*Cuniculus paca*	X	X
	Cuniculus taczanowskii	X	X
LAGOMORPHA			
Leporidae	*Sylvilagus brasiliensis*	X	X
CHIROPTERA			
Phyllostomidae	*Anoura aequatoris*	X	X
	Anoura cultrata	X	
	Anoura fistulata	X	
	Anoura geoffroyi		X
	Artibeus lituratus	X	X
	Carollia brevicauda	X	X
	Carollia perspicillata	X	
	Dermanura glauca	X	X
	Enchisthenes hartii	X	X
	Platyrrhinus infuscus		X
	Platyrrhinus ismaeli		X
	Platyrrhinus nigellus	X	X
	Rhinophylla fischerae	X	
	Sturnira erythromos	X	
	Sturnira lilium	X	
	Sturnira oporaphilum	X	X
	Sturnira nana	X	
	Vampyressa thyone	X	X
CARNIVORA			
Felidae	*Leopardus pardalis*	X	X
	Leopardus tigrinus	X	X
	Leopardus wiedii	X	X
	Panthera onca	X	X
	Puma concolor	X	X
Ursidae	*Tremarctos ornatus*	X	X
Mustelidae	*Lontra longicaudis*	X	X
	Eira barbara	X	X
	Mustela frenata	X	X
Procyonidae	*Bassaricyon alleni*	X	X
	Nasua nasua	X	X
	Potos flavus	X	X
	Procyon cancrivorus	X	X
PERISSODACTYLA			
Tapiridae	*Tapirus terrestris*	X	X
ARTIODACTYLA			
Tayassuidae	*Pecari tajacu*	X	X
	Tayassu pecari	X	X
Cervidae	*Mazama americana*	X	X

Especies de mamíferos registradas en cada localidad.

Apéndice 6.2

Orden/familia	Género/especie	Nombre común	Registro	Hábitat	Sociabilidad	Estrato	Gremio	Actividad
DIDELPHIMORPHIA								
Didelphidae	*Caluromys lanatus*	Raposa lanuda de oriente	En	B, Bo	S	Ar	Om	N
	Chironectes minimus	Raposa de agua	Od	Br, Ri	S	Sa	Om	N
	Didelphis marsupialis	Zarigueya común	En	B, Bo, Br, An	S	T	Om	N
	Metachirus nudicaudatus	Raposa marrón de cuatro ojos	En	B, Bo	S	T	Om	N
	Philander andersoni	Raposa de cuatro ojos de Anderson	En	B, Bo, Br, An	S	T	Om	N
CINGULATA								
Dasypodidae	*Dasypus novemcinctus*	Armadillo de nueve bandas	Hu	B, Bo, Br, An	S	T	Om	D/N
	Cabassous unicinctus	Armadillo de cola desnuda de oriente	En	B, Bo, Br	S	T	In	D/N
PILOSA								
Bradypodidae	*Bradypus variegatus*	Perezoso de tres dedos de garganta marrón	En	B, Bo, Br, An	S	Ar	Fo	D/N
Megalonychidae	*Choloepus didactylus*	Perezoso de dos dedos de oriente	En	B, Bo, Br, An	S	Ar	Fo	N
Cyclopedidae	*Cyclopes didactylus*	Oso hormiguero sedoso	En	B	S	Ar	In	N
Myrmecophagidae	*Myrmecophaga tridactyla*	Oso hormiguero gigante	En	B	S	T	In	D/N
	Tamandua tetradactyla	Oso hormiguero de oriente	En	B, Bo, An	S	T, Ar	In	D/N
PRIMATES								
Cebidae	*Callithrix pygmaea*	Leoncillo	En	Br, Bo	G	Ar	He	D
	Saguinus fuscicollis	Chichico de manto rojo	En	Br, Bo	G	Ar	Fu, In	D
	Cebus albifrons	Mono capuchino blanco	En	B, Bo, Br, An	G	Ar	Fu, In	D
	Saimiri sciureus	Mono ardilla	Od	B, Bo, Br, An	G	Ar	Om	D
Aotidae	*Aotus lemurinus*	Mono nocturno lemurino	En	B, Bo, An	G	Ar	Om	N
Atelidae	*Alouatta seniculus*	Mono aullador rojo	Hu	B, Bo, Br, An	G	Ar	Fo	D
RODENTIA								
Sciuridae	*Microsciurus flaviventer*	Ardilla enana de oriente	Od	B, Bo, Br, An	S	Ar	In/He	D
	Sciurus granatensis	Ardilla de cola roja	Od	B, Bo, Br, An	S	Ar	Fu	D
	Sciurus igniventris	Ardilla roja norteña	En	B, Bo	S	Ar	Fu	D
Cricetidae	*Akodon aerosus*	Ratón campestre de tierras altas	Ca	B	S	T	Om	N
	Thomasomys sp.		Ca	B	S	T	Om	N
Erethizontidae	*Coendou bicolor*	Puerco espín de espina bicolor	En	B, Bo, Br, An	S	Ar	Fu	N
Caviidae	*Hydrochoerus hydrochaeris*	Capibara	En	Br, Ri	G	T, Sa	He	D

continúa

Orden/familia	Género/especie	Nombre común	Registro	Hábitat	Sociabilidad	Estrato	Gremio	Actividad
Dasyproctidae	*Dasyprocta fuliginosa*	Guatuza	Hu	B, Bo, Br, An	S	T	Fu	D/N
	Mioprocta pratti	Guatín	En	B, Bo, Br, An	S	T	Fu	D
Cuniculidae	*Cuniculus paca*	Guanta	Hu	B, Bo, Br, An	S	T	Fu	N
	Cuniculus taczanowskii	Guanta andina	En	B	S	T	Fu	N
LAGOMORPHA								
Leporidae	*Sylvilagus brasiliensis*	Conejo	Od	B, Bo, Br, An	S	T	He	D/N
CHIROPTERA								
Phyllostomidae	*Anoura aequatoris*	Murciélago longirostro ecuatoriano	Ca	B, Bo, Br, An	G	Ae	Ne	N
	Anoura cultrata	Murciélago longirostro negro	Ca	B, Bo, Br, An	G	Ae	Ne	N
	Anoura fistulata	Murciélago longirostro de labio largo	Ca	B, Bo, Br, An	G	Ae	Ne	N
	Anoura geoffroyi	Murciélago longirostro de Geoffroy	Ca	B, Bo, Br, An	G	Ae	Ne	N
	Artibeus lituratus	Murciélago frutero grande	Ca	B, Bo, Br, An	G	Ae	Fu	N
	Carollia brevicauda	Murciélago sedoso de cola corta	Ca	B, Bo, Br, An	G	Ae	Fu	N
	Carollia perspicillata	Murciélago común de cola corta	Ca	B, Bo, Br, An	G	Ae	Fu	N
	Dermanura glauca	Murciélago frutero plateado	Ca	B, Bo, Br, An	G	Ae	Fu	N
	Enchisthenes hartii	Murciélago frutero aterciopelado	Ca	B, Bo, Br, An	G	Ae	Fu	N
	Platyrrhinus infuscus	Murciélago de nariz ancha de listas tenues	Ca	B, Bo, Br, An	G	Ae	Fu	N
	Platyrrhinus ismaeli	Murciélago de nariz ancha de Ismael	Ca	B, Bo, Br, An	G	Ae	Fu	N
	Platyrrhinus nigellus	Murciélago peruano de nariz ancha	Ca	B, Bo, Br, An	G	Ae	Fu	N
	Rhinophylla fischerae	Murciélago frutero pequeño de Fischer	Ca	B, Bo, Br, An	G	Ae	Fu	N
	Sturnira erythromos	Murciélago peludo de hombros amarillos	Ca	B, Bo, Br, An	G	Ae	Fu	N
	Sturnira lilium	Murciélago pequeño de hombros amarillos	Ca	B, Bo, Br, An	G	Ae	Fu	N
	Sturnira nana	Murciélago menor de hombros amarillos	Ca	B, Bo, Br, An	G	Ae	Fu	N
	Sturnira oporaphilum	Murciélago de hombros amarillos de oriente	Ca	B, Bo, Br, An	G	Ae	Fu	N
	Vampyressa thyone	Murciélago de orejas amarillas ecuatoriano	Ca	B, Bo, Br, An	G	Ae	Fu	N
CARNIVORA								
Felidae	*Leopardus pardalis*	Ocelote	Hu	B, Br	S	T	Ca	N
	Leopardus tigrinus	Tigrillo chico manchado	En	B, Br	S	T	Ca	N

continúa

Orden/familia	Género/especie	Nombre común	Registro	Hábitat	Sociabilidad	Estrato	Gremio	Actividad
	Leopardus wiedii	Margay	En	B, Br	S	T/Ar	Ca	N
	Panthera onca	Jaguar	Hu	B, Br, Bo	S	T	Ca	D/N
	Puma concolor	Puma	Hu	B, Bo	S	T	Ca	D/N
Ursidae	*Tremarctos ornatus*	Oso de anteojos	Hu	B	S	T/Ar	Om	D/N
Mustelidae	*Lontra longicaudis*	Nutria neotropical	En	B, Br,Ri	G	Sa	Ca	D/N
	Eira barbara	Cabeza de mate	Od	B, Bo, Br, An	S	T/Ar	Om	D/N
	Mustela frenata	Comadreja andina	En	B, Bo, Br, An	S	T	Ca	D/N
Procyonidae	*Bassaricyon alleni*	Olingo de oriente	En	B	S	Ar	Om	N
	Nasua nasua	Coatí amazónico	En	B, Bo, Br, An	G	T/Ar	Om	D
	Potos flavus	Cusumbo	Od	B, Bo, Br, An	S	Ar	Fu	N
	Procyon cancrivorus	Oso lavador	En	B, Bo, Br, An	S	T	Om	N
PERISSODACTYLA								
Tapiridae	*Tapirus terrestris*	Tapir amazónico	Hu	B, Br, Ri	S	T	He	N
ARTIODACTYLA								
Tayassuidae	Pecari tajacu	Pecarí de collar	En	B, Bo, An	G	T	Om	D
	Tayassu pecari	Pecarí de labio blanco	Hu	B, Bo, An	G	T	Om	D
Cervidae	Mazama americana	Venado colorado	Hu	B, Bo, Br	S	T	He	D/N

Nombres comunes, tipos de registro y aspectos ecológicos de las especies de mamíferos registradas en las dos localidades.

Registro: observación directa (**Od**); Huellas u otros rastros (**Hu**); Capturas (**Ca**); Entrevistas (**En**).
Hábitat: interior de bosque (**B**); bosque ripario (**Br**); borde de bosque (**Bo**); río (**Ri**); zona antrópica (**An**)
Sociabilidad: solitario o en pareja (**S**); gregario (**G**)
Estrato: terrestre (**T**); arborícola (**Ar**); aéreo (**Ae**); semiacuático (**Sa**)
Gremio: herbívoro (**He**); frugívoro (**Fu**); nectarívoro (**Ne**); carnívoro (**Ca**); omnívoro (**Om**); insectívoro (**In**); folívoros (**Fo**)
Actividad: diurno (**D**); nocturno (**N**)

Anexo 1

Comparación de los hallazgos de biodiviersidad de mamíferos con estudios previos del área.

Carlos Boada

Siguiente página para mirar Anexo 1

ORDEN / FAMILIAS	Género / Especies	ESTE ESTUDIO (2009)		FUNDACIÓN NATURA (2000)	CI (1997) en territorio ecuatoriano			CI (1997) en territorio peruano				Patton *et al.* (1982) y Patton (1986)		ITTO (2005)
		Miazi Alto	Los Tepuyes	Numpatkaim	Miazi	Coangos	Achupallas	Comainas	Alfonso Ugarte	Machinaza	Falso Paquisha	Huampami	Kagka	Cóndor Mirador y Mayaicu Alto
DIDELPHIMORPHIA														
Didelphidae	*Caluromys lanatus*		X						X			X		
	Chironectes minimus	X	X									X		X
	Didelphis marsupialis	X	X	X				X				X	X	
	Marmosa murina			X				X	X			X		
	Marmosa rubra											X		
	Marmosops noctivagus					X								
	Marmosops impavidus									X				
	Metachirus nudicaudatus	X	X					X				X		
	Micoureus cinereus											X		
	Monodelphis adusta											X		
	Philander andersoni	X	X											
	Philander opossum											X		
PAUCITUBERCULATA														
Caenolestidae	*Caenolestes condorensis*						X							
CINGULATA														
Dasypodidae	*Dasypus novemcinctus*	X	X	X	X	X		X				X		
	Dasypus kappleri													X
	Cabassous unicinctus	X	X									X		
	Priodontes maximus											X		
PILOSA														
Bradypodidae	*Bradypus variegatus*	X	X									X		
Megalonychidae	*Choloepus didactylus*	X	X											
	Choloepus hoffmanni											X		
Cyclopedidae	*Cyclopes didactylus*	X	X									X		
Myrmecophagidae	*Myrmecophaga tridactyla*	X	X									X		
	Tamandua tetradactyla	X	X								X	X		
PRIMATES														
Cebidae	*Callithrix pygmaea*		X											
	Saguinus fuscicollis	X	X											

continúa

ORDEN / FAMILIAS	Género / Especies	ESTE ESTUDIO (2009)		FUNDACIÓN NATURA (2000)	CI (1997) en territorio ecuatoriano			CI (1997) en territorio peruano				Patton *et al.* (1982) y Patton (1986)		ITTO (2005)
		Miazi Alto	Los Tepuyes	Numpatkaim	Miazi	Coangos	Achupallas	Comainas	Alfonso Ugarte	Machinaza	Falso Paquisha	Huampami	Kagka	Cóndor Mirador y Mayaicu Alto
	Cebus albifrons	X	X		X					X		X		
	Saimiri sciureus	X	X									X		
Aotidae	*Aotus* cf. *vociferans*				X	X								
	Aotus lemurinus	X	X	X										
	Aotus trivirgatus											X	X	
Atelidae	*Alouatta seniculus*		X									X		
	Ateles belzebuth				X	X				X				
	Lagothrix poeppigii									X				
Pitheciidae	*Callicebus discolor*											X		
RODENTIA														
Sciuridae	*Microsciurus flaviventer*	X	X	X								X		
	Microsciurus sabanillae									X				
	Sciurus granatensis	X	X											
	Sciurus igniventris	X	X									X		
	Sciurus spadiceus											X		
	Sciurus spp.			X		X			X					
Cricetidae	*Akodon aerosus*	X			X	X	X		X					
	Euryoryzomys macconnelli								X		X	X	X	
	Hylaeamys yunganus								X					
	Hylaeamys perenensis				X							X	X	
	Hylaeamys sp.			X	X		X					X		
	Neacomys spinosus				X	X						X		
	Nectomys apicalis				X			X			X	X		
	Nephelomys albigularis						X					X	X	
	Oecomys bicolor											X		
	Oecomys concolor											X		
	Oecomys superans											X		
	Oligoryzomys destructor								X		X			
	Thomasomys sp.1	X												
	Thomasomys sp.2													X

continúa

ORDEN / FAMILIAS	Género / Especies	ESTE ESTUDIO (2009)		FUNDACIÓN NATURA (2000)	CI (1997) en territorio ecuatoriano			CI (1997) en territorio peruano				Patton *et al.* (1982) y Patton (1986)		ITTO (2005)
		Miazi Alto	Los Tepuyes	Numpatkaim	Miazi	Coangos	Achupallas	Comainas	Alfonso Ugarte	Machinaza	Falso Paquisha	Huampami	Kagka	Cóndor Mirador y Mayaicu Alto
Erethizontidae	*Coendou bicolor*	X	X									X		
Caviidae	*Hydrochoerus hydrochaeris*	X	X									X		X
Dasyproctidae	*Dasyprocta fuliginosa*	X	X	X	X							X		
	Mioprocta pratti	X	X									X		
Dinomyidae	*Dinomys branickii*											X		X
Cuniculidae	*Cuniculus paca*	X	X	X	X	X		X	X		X	X		
	Cuniculus taczanowskii	X	X											
Echimyidae	*Proechymis simonsi*			X								X	X	
	Proechymis brevicauda											X		
	Makalata cf. *macrurus*											X		
	Mesomys hispidus												X	
LAGOMORPHA														
Leporidae	*Sylvilagus brasiliensis*	X	X									X		
CHIROPTERA														
Emballonuridae	*Saccopteryx leptura*											X		
Molossidae	*Molossus molossus*							X			X	X		
Noctilionidae	*Noctilio albiventris*											X		
Phyllostomidae	*Anoura aequatoris*	X	X											
	Anoura caudifer				X	X			X	X				X
	Anoura cultrata	X								X		X	X	X
	Anoura fistulata	X												
	Anoura geoffroyi		X									X		X
	Artibeus jamaicensis				X									
	Artibeus lituratus	X	X											
	Artibeus planirostris										X	X	X	
	Artibeus obscurus							X			X	X	X	
	Carollia brevicauda	X	X	X	X	X	X	X	X	X	X	X	X	
	Carollia castanea			X				X				X	X	
	Carollia perspicillata	X			X			X	X	X	X	X	X	
	Chiroderma villosum				X									

continúa

ORDEN / FAMILIAS	Género / Especies	ESTE ESTUDIO (2009)		FUNDACIÓN NATURA (2000)	CI (1997) en territorio ecuatoriano			CI (1997) en territorio peruano				Patton *et al.* (1982) y Patton (1986)		ITTO (2005)
		Miazi Alto	Los Tepuyes	Numpatkaim	Miazi	Coangos	Achupallas	Comainas	Alfonso Ugarte	Machinaza	Falso Paquisha	Huampami	Kagka	Cóndor Mirador y Mayaicu Alto
	Chiroderma trinitatum								X			X	X	
	Dermanura glauca	X			X	X	X	X	X	X	X			
	Dermanura anderseni				X									
	Dermanura gnoma							X						
	Desmodus rotundus				X							X		
	Enchisthenes hartii	X												
	Glossophaga soricina							X						
	Lophostoma silvicolum											X		
	Lonchorhina aurita							X						
	Mesophylla macconnelii				X									
	Micronycteris hirsuta													X
	Micronycteris megalotis			X						X	X			
	Mimon crenulatum				X						X	X	X	
	Lonchophyla thomasi										X	X	X	
	Lonchophyla robusta												X	
	Phyllostomus elongatus							X						
	Phyllostomus hastatus				X							X	X	
	Platyrrhinus brachycephalus			X								X		
	Platyrrhinus helleri				X									
	Platyrrhinus infuscus		X		X		X	X				X	X	
	Platyrrhinus ismaeli		X											
	Platyrrhinus nigellus	X	X			X	X					X	X	
	Rhinophylla fischerae	X		X								X		
	Rhinophylla pumilio				X			X			X	X	X	
	Sturnira bidens					X	X			X				
	Sturnira erythromos	X		X			X							
	Sturnira lilium	X			X			X	X		X	X		
	Sturnira ludovici			X	X	X	X					X	X	
	Sturnira magna										X	X		
	Sturnira nana	X												

continúa

ORDEN / FAMILIAS	Género / Especies	ESTE ESTUDIO (2009)		FUNDACIÓN NATURA (2000)	CI (1997) en territorio ecuatoriano			CI (1997) en territorio peruano				Patton *et al.* (1982) y Patton (1986)		ITTO (2005)
		Miazi Alto	Los Tepuyes	Numpatkaim	Miazi	Coangos	Achupallas	Comainas	Alfonso Ugarte	Machinaza	Falso Paquisha	Huampami	Kagka	Cóndor Mirador y Mayaicu Alto
	Sturnira oporaphilum	X	X						X		X			
	Sturnira tildae							X						
	Tonatia saurophila													X
	Trinycteris nicefori													X
	Uroderma bilobatum				X			X			X	X	X	
	Vampyressa bidens													X
	Vampyressa melissa								X			X	X	
	Vampyressa thyone	X	X		X			X	X		X	X	X	
	Vampyrum spectrum												X	
Thyropteridae	*Thyroptera tricolor*													X
Vespertilionidae	*Myotis albescens*													X
	Myotis nigricans							X				X		
	Saccopteryx bilineata													X
CARNIVORA														
Canidae	*Atelocynus microtis*											X		
	Speothos venaticus											X		X
Felidae	*Leopardus pardalis*	X	X								X	X		
	Leopardus tigrinus	X	X											
	Leopardus wiedii	X	X									X		
	Panthera onca	X	X			X								
	Puma concolor	X	X	X										
	Puma yagouaroundi											X		
Ursidae	*Tremarctos ornatus*	X	X	X	X					X		X		
Mustelidae	*Lontra longicaudis*	X	X	X	X							X		
	Eira barbara	X	X		X							X		
	Galictis vittata											X		
	Mustela frenata	X	X											
Procyonidae	*Bassaricyon alleni*	X	X			X						X		
	Nasua nasua	X	X									X		
	Potos flavus	X	X	X		X						X	X	

continúa

ORDEN / FAMILIAS	Género / Especies	ESTE ESTUDIO (2009)		FUNDACIÓN NATURA (2000)	CI (1997) en territorio ecuatoriano			CI (1997) en territorio peruano				Patton *et al.* (1982) y Patton (1986)		ITTO (2005)
		Miazi Alto	Los Tepuyes	Numpatkaim	Miazi	Coangos	Achupallas	Comainas	Alfonso Ugarte	Machinaza	Falso Paquisha	Huampami	Kagka	Cóndor Mirador y Mayaicu Alto
	Procyon cancrivorus	X	X									X		
PERISSODACTYLA														
Tapiridae	*Tapirus terrestris*	X	X		X	X		X				X	X	
ARTIODACTYLA														
Tayassuidae	*Pecari tajacu*	X	X	X		X						X		
	Tayassu pecari	X	X	X	X	X						X		
Cervidae	*Mazama americana*	X	X	X	X							X		
	Mazama gouazoupira													X